증상으로 찾아 더 알기 쉬운

내가 바로 홈닥터

고양이 편

감수 **오다 데쓰노스케** | 번역 **박상진, 김은희**

딸기 Book

Contents

Contents

제2장

2 알아 두면 좋은 상식 ● 어떡해, 사고가 났어요! — 97

제3장

3 일상의 사건 사고들 ● 주인이 직접 하는 응급처치　119

제4장

4 그때그때 달라요 ● **나이, 성별에 따른 질병들**　153

Contents

제5장

제6장

Introduction

고양이 기초 지식

사람과 살면서 고양이의 성격이 변했어요

● 수천 년 전부터 고양이는 쿨했어요

사람과 고양이가 함께한 것은 지금으로부터 5~6천 년 전으로 거슬러 올라갑니다. 고대 이집트인이 곡식 창고를 습격하는 쥐를 잡기 위해 고양이를 기르기 시작했습니다.

하지만 수천 년 동안 사람과 함께했음에도 불구하고 고양이가 지닌 야생 동물과 같은 성격은 거의 바뀌지 않았습니다. 고양이는 독립심이 강하고 의사 표현이 분명하며 자존심이 강합니다. 따라서 자신의 감정을 조질하며 사람과 깊은 관계를 맺지 않고 독립적으로 쥐를 잡아 왔습니다.

수만 년 전부터 사람에게 사육되고 무리를 이루어 행동하는 개와는 달리, 고양이는 고독을 즐기고 냉정한, 소위 말하는 쿨한 성격이라고 할 수 있습니다.

● 세계 곳곳으로 퍼지면서 성격이 변했어요

고양이의 선조는 리비아 고양이로 아프리카 북부에서 길러졌습니다.

그 후 점차 여러 이웃 나라로 번지고, 대항해시대에 무역상인들이 배 안의 쥐를 퇴치하기 위해서 고양이를 데리고 항해하면서 고양이는 세계로 퍼져 나가게 되었습니다.

고양이들은 새로운 환경 속에서 그 지역에 적합한 체질이나 성격으로 변해 갔습니다. 대표적인 예로 터키, 이란, 이라크가 원산인 페르시안 고양이는 귀하고 사람에게 소중하게 다뤄져서 다른 품종보다 조용하고 얌전하며 감정 기복도 적다고 합니다.

● 품종에 따라 성격이 달라요

고양이의 성격은 털의 종류에 따라 차이를 보입니다. 털의 종류는 털이 긴 '장모종'과 털이 짧은 '단모종'의 2종류로 나뉩니다.

'장모종' 고양이는 일반적으로 태평하고 얌전한 성격이며 페르시안, 히말라얀, 랙돌 등이 대표적입니다. 페르시안은 호기심이 왕성하지만 의젓하고 대범한 성격이며, 히말라얀은 사교적이며 사람을 잘 따르고 느긋한 성격을 지니고 있습니다.

한편 '단모종' 고양이는 샴, 아비시니안, 아메리칸쇼트헤어 등이 유명합니다. 단모종 고양이는 활발하고 사교적이며 눈치가 빠르고 동작이 민첩하다고 알려져 있습니다. 또한 사람에게 친화적인 면도 가지고 있습니다. 샴은 활발하고 사람을 잘 따르는 어리광쟁이이며, 아비시니안도 사람을 좋아하고 노는 것을 매우 좋아합니다.

이처럼 털의 종류에 따라 고양이의 성격도 달라지므로 고양이를 고를 때는 각 종의 성격도 고려하여 고르는 것이 좋습니다.

고양이 신체의 비밀을 알아봅시다

사람과 고양이는 같은 포유류이므로 기본적인 신체 구조는 같습니다. 하지만 고양이는 사람과 다른 신체적 특징을 가지고 있습니다.

귀 사람은 듣지 못하는 초음파도 들을 수 있습니다

사람의 귀가 2만 헤르츠까지 들을 수 있는 것에 비해 고양이의 귀는 5만 헤르츠의 초음파까지 들린다고 합니다. 또한 180도의 방향 전환이 가능하므로 언제 어디서든 소리의 방향을 포착해 낼 수 있습니다.

눈 시력은 나쁘지만 어두운 곳에서 잘 봅니다

크고 동그란 눈동자가 인상적인 고양이의 눈은 어두워지면 빛나기 시작합니다. 이것은 아주 적은 빛으로도 잘 볼 수 있는 구조로 되어 있기 때문입니다. 어두운 곳에서는 동공이 크게 열리고, 밝은 곳에서는 수직으로 가늘어집니다.

코 냄새에 민감해서 무엇이든 냄새로 식별합니다

고양이의 후각은 사람보다 훨씬 뛰어납니다. 취선에서 나오는 냄새를 묻히거나 배설물을 남기며 자신의 영역을 표시하기 때문입니다. 또한, 냄새로 성별이나 나이 등을 식별할 수 있으며, 그 냄새가 새로운 것인지 아닌지도 알 수 있습니다.

이빨 날카로운 이빨이 매력적입니다

크고 뾰족한 송곳니는 잡은 사냥감의 숨통을 끊을 때 사용합니다. 어금니도 고기를 잘 찢기 위해 날카롭고 뾰족한 모양을 하고 있습니다.

고양이는 삼킬 수 있는 크기로 찢어서 씹지 않고 통째로 삼킵니다.

혀 먹을 때나 핥을 때 유용합니다

고양이의 까칠까칠한 혀는 먹이를 먹을 때 흘리지 않고 먹을 수 있게 해 줍니다. 또한, 몸을 핥을 때에는 빗의 역할을 하여 털을 다듬거나 냄새를 제거할 수 있습니다.

수염 촉각 역할을 합니다

고양이의 수염은 촉각 역할을 하며 주위의 상황을 감지합니다. 예를 들어 어두운 곳이나 좁은 곳을 빠져나갈 때 수염이 닿는지, 닿지 않는지로 통과할 수 있는지를 판단합니다.

발 소리 없이 접근하고 유연하게 움직입니다

고양이의 발바닥은 볼록하고 부드러운 패드가 있어서 소리를 내지 않고 걸을 수 있습니다. 또한, 매우 발달된 근육과 튼튼한 뼈, 유연한 관절이 균형을 이루어 경이로운 점프력과 순발력을 발휘합니다.

발톱 위급하면 발톱이 나옵니다

고양이의 발톱은 자유롭게 나왔다가 들어갑니다. 평소에는 발가락 사이에 감추고 있지만 위급한 상황이 닥쳤을 때는 큰 무기가 됩니다. 고양이의 발톱은 여러 겹으로 되어 있습니다. 고양이가 발톱을 가는 것은 가장 표면에 있는 각질화된 발톱을 벗겨 내는 것입니다.

꼬리 균형을 잡는 역할을 합니다

펄쩍 뛰어오르거나 급히 자세를 바꿀 때 꼬리를 사용합니다. 또한, 꼬리의 움직임으로 고양이의 기분도 알 수 있습니다. 어리광을 부릴 때는 꼬리를 세워서 사람의 다리 근처로 다가오고, 무서울 때는 꼬리를 다리 사이에 넣습니다.

고양이는 정말 쿨한가요?

● 고양이의 감정 표현을 읽어 봅시다

사람에게 충실한 개와는 달리 고양이는 독립적으로 살아온 동물이기 때문에 쿨하고 비사교적이며 호감을 나타내는 표현이 발달하지 않았습니다.

하지만 자세히 관찰하면 전신을 사용해서 여러 가지 감정을 전하고 있는 것을 알 수 있습니다. 특히 귀나 눈, 수염이나 꼬리 등을 잘 관찰해 보세요. 분명 다양한 메시지를 보내고 있을 것입니다. 이러한 감정 표현을 읽어 낼 수 있게 된다면 고양이와의 생활이 한층 즐거워질 것입니다.

● **꼿꼿이 직각으로 세운다**
복종 · 어리광을 부리는 거예요
● **흔든다**
짜증이 났어요
● **꼬리 끝을 실룩실룩 움직인다**
무언가에 호기심을 느끼고 있어요
● **다리 사이에 넣는다**
무서워요
● **몸을 부풀린다**
화가 났어요

●쫑긋쫑긋 움직인다
어떻게 할지 고민 중이에요

●뒤로 젖힌다
무서워요

●쫑긋 세워 뒤로 끌어당긴다
화가 났어요

●비행기 날개처럼 평평하게 펴졌다
공포심으로 가득해요

귀

●꼿꼿이 뻗는다
주위를 경계하고 있어요

●앞쪽으로 내민다
기분이 좋지 않아요

●처져 있다
따분해요

수염

●반쯤 감겨 있다
평안해요

●동공을 열고 눈을 둥글고 크게 뜬다
화가 나거나 흥미를 느낀 흥분 상태예요

●동공을 작게 한 채 몸을 크게 한다
상대를 깔보며 공격적인 상태예요

눈

●코를 갖다 댄다
인사하는 거예요

●몸을 비벼 댄다
어리광을 부리는 거예요

●배를 보인다
놀고 싶어요

몸

●거꾸로 세운다
화가 났거나 공포심을 느껴요

털

고양이의 습성을 이해하면 쾌적한 생활을 할 수 있어요

고양이와 함께하는 생활을 꿈꾸고 있다면 먼저 고양이의 본능적인 습성을 이해합시다. 고양이는 원래 단독 행동을 좋아하고 야생동물 같은 습성이 남아 있습니다. 또한 소변이나 발톱갈기(스크래치) 등 최소한의 훈련을 시키는 것도 중요합니다.

신경질을 내며 호되게 혼을 내면 고양이가 상처를 받기도 하니 주의하세요.

● 물을 싫어해요

고양이는 원래 육지에서 사는 동물이라 물을 싫어합니다. 그래서 비에 젖는 것도 싫어합니다. 고양이가 어릴 때부터 꾸준히 목욕을 시켰다면 가능하지만, 몸이 완전히 마를 때까지 털을 계속해서 핥습니다. 발바닥이 젖는 것도 싫어할 정도로 굉장히 물을 싫어합니다.

● 야행성이에요

고양이는 원래 야행성으로 낮에는 자고 밤에 활발히 움직입니다. 밖에서 기르는 고양이는 밤중에 외출을 하기도 합니다. 실내에서 기르는 고양이도 사람과 함께 있지만 밤이 되면 활발해집니다.

영역이 아니면 안심하지 못해요

고양이는 영역을 만듭니다. 영역이란 먹이를 확보할 수 있는 안전한 장소를 말합니다.

사람에게 길러지는 고양이는 먹이를 찾을 필요는 없지만 본능적으로 집을 중심으로 영역을 만듭니다. 그리고 매일 영역 안을 순찰합니다. 고양이가 스프레이 행위(수컷이 소변을 뿌리는 것)를 하거나 냄새를 묻히는 것은 영역을 지키려는 것입니다.

발톱을 갈아요

고양이가 발톱을 가는 것은 사냥할 때 필요한 무기인 발톱을 항상 날카롭게 해 두려는 것입니다. 이 습성은 고양이의 본능이므로 그만두게 할 수는 없습니다.

자신의 영역 안에서 하는 행동이라 집 안에서 발톱을 갑니다. 고양이는 마음에 든 장소에서 발톱을 갑니다. 따라서 고양이가 원하는 곳에 고양이 전용 스크래처를 준비해 두는 것이 좋습니다.

가끔 집을 나가요

고양이는 자신이 사는 환경에 불쾌함을 느끼면 가끔 집을 나갑니다. 새 애완동물을 들이거나 이사를 하는 등 그 이유는 다양합니다.

1~2주 정도 지난 뒤 돌아오는 경우도 있습니다. 고양이가 쾌적하게 지낼 수 있는 환경을 만들어 주는 것이 중요합니다.

그루밍을 좋아해요

고양이는 깨끗한 것을 좋아하는 동물입니다. 몸의 더러워진 부분이나 냄새를 제거하기 위해서 항상 몸을 핥으며 털을 가다듬습니다. 또 털에 타액을 묻혀 체온조절도 하고 있습니다. 삼킨 털은 위 안에서 공모양으로 뭉쳐지며 자연히 토해 내게 되므로 걱정하지 않아도 됩니다.

사냥감을 찾아다녀요

사냥은 고양이의 본능입니다. 어릴 때부터 작은 동물을 뒤쫓으며 사냥법을 습득합니다. 때문에 밖에서 사냥감을 잡은 뒤 그것을 집으로 가지고 돌아오는 경우도 있습니다.

새끼 고양이는 1년이면 어른으로 급성장해요

고양이는 태어나 1년이 지나면 어른이 됩니다. 새끼 고양이의 성장을 충분히 이해한 뒤 책임감을 가지고 기르도록 합시다.

● 신생아기(1~2주)

갓 태어난 새끼는 혼자서는 아무것도 할 수 없습니다. 배설도 어미가 엉덩이를 핥아서 나오게 합니다. 젖을 먹거나 배설하는 시간 외에는 대부분을 자면서 보냅니다.

● 제1차 사회기(2주~3개월)

2주 정도가 지나면 이빨이 나기 시작합니다. 아직 혼자서는 배변을 할 수 없으므로 어미가 엉덩이를 핥아 줍니다.

3주 정도가 지나면 눈을 뜨고 조금씩 걷기 시작하며, 형제들과 장난치며 놀기 시작합니다.

1개월 정도가 지나면 이빨이 거의 다 갖추어지고 혼자 배변을 할 수 있게 됩니다. 화장실 훈련은 이 시기에 끝내는 것이 좋습니다. 이때 첫 정기검진을 받아야 하며, 이후에도 2~6개월에 한 번씩 꾸준히 정기검진을 받는 것이 좋습니다. 이때 검변과 기생충의 구충도 잊지 마세요.

2개월 정도가 지나면 어미가 새끼에게 젖을 물리는 것을 싫어하게 되며 조금씩 유동식을 먹을 수 있게 됩니다. 이 시기에는 사람과 접하는 기회를 늘리고, 고양이와 많이 놀아 주고, 발톱갈기(스크래치)나 그루밍 등의 훈련을 시작합니다. 이때 첫 혼합백신을 접종해야 합니다. 지역에 따라 접종 시기나 횟수 등에 약간의 차이가 있으므로 자세한 내용은 수의사와 상담한 뒤 반드시 예방접종을 하도록 하세요.

● 제2차 사회기(3~6개월)

3개월 정도 지나면 목욕이나 산책 습관을 들이기 시작합니다. 백신 추가접종도 대체로 이 시기에 합니다.

6개월 정도까지 털이 새로 나고 유치가 빠지고 영구치가 전부 갖추어집니다. 또한 수컷과 암컷 모두 발정기가 옵니다. 암컷이 수컷보다 빠른 편이며 수컷은 7~8개월 정도에 첫 발정이 옵니다. 주인이 어떻게 할지 정해서 교배를 시킬지, 중성화수술을 시킬지 결정하는 것이 좋습니다.

● 청년기

1년이 지나면 이제 어엿한 어른입니다. 한 살이 되면 자신의 영역을 갖고 독립하여 살아가게 됩니다. 매해 한 번씩 하는 혼합백신 접종과 벼룩, 진드기 구제도 잊지 마세요.

고양이는 이런 생활을 하고 싶어 해요

● 스스로 새로운 환경에 적응하고 싶어 해요

고양이를 집에 데리고 오면 먼저 새로운 환경에 익숙해지게 해야 합니다. 그러기 위해서는 고양이가 스스로 집을 알게 배려해 주는 것이 좋습니다. 필요 이상으로 보살피거나 고양이를 데리고 돌아다니지 말고 조용히 지켜봐 주세요.

● 잠자리 취향이 까다로워요

일생의 2/3를 자면서 보낸다고 하는 고양이는 잠자리를 가린다고 합니다. 잠자리 장소를 마음에 들어 하지 않는 것 같다면 이곳저곳으로 옮겨 주며 가장 편안해하는 장소를 찾아 줍시다. 또 고양이는 냄새에 민감하므로 익숙한 수건 등을 함께 두면 좋습니다.

● 화장실을 금방 기억해요

고양이는 화장실에 가고 싶어지면 바닥의 냄새를 맡으면서 이곳저곳을 배회하기 시작합니다. '화장실에 가고 싶은가?'라는 생각이 들면 먼저 화장실에 넣어 봅시다. 처음이 중요합니다. 2~3회 정도 이렇게 화장실에서 배변을 했다면 화장실 훈련은 걱정할 필요가 없습니다.

화장실은 되도록 안정을 느낄 수 있는 장소에 둡니다. 또한 모래나 시트 등 화장실에도 다양한 종류가 있습니다. 고양이의 반응을 보고 그에 맞는 화장실을 골라 줍시다.

● 실내에서도 행복해요

고양이는 먹이가 확보되고 안전한 장소가 있으면 실내 생활만으로도 충분히 행복을 느낍니다. 영역도 그렇게 넓지 않아도 괜찮습니다.

밖에서 기르는 고양이는 교통사고나 질병의 위험을 비롯하여 때로는 이웃에게 폐를 끼칠 수도 있으므로 고양이가 지내기 편한 환경을 실내에 조성하여 집 안에서 함께 지내는 편이 좋습니다.

● 외로움을 타지 않아요

여러 마리의 고양이를 함께 기르면 그중에 다른 고양이와 잘 어울리지 못하는 고양이가 생깁니다. 하지만 고양이는 원래 단독으로 생활하는 동물이기 때문에 부모 자식 간이라 할지라도 어른이 되면 함께 있고 싶어 하지 않는다고 합니다.

혼자 떨어져서 외로워 보이는 고양이가 있더라도 그 고양이는 결코 외로워하고 있는 것이 아니니 신경쓰지 않아도 됩니다.

● 혼자 집을 보는 것도 문제없어요

고양이는 야행성 동물이므로 낮에는 대부분 잠을 잡니다. 그러므로 주인이나 가족이 아무도 없고 혼자 있어도 아무렇지도 않습니다. 배가 고파졌을 때를 대비하여 먹이와 신선한 물만 잘 준비해 주세요.

● 생활의 변화를 싫어해요

고양이의 생활은 단조롭습니다. 하지만 그것이 고양이의 행복입니다. 고양이는 정해진 패턴으로 생활할 때 가장 안정을 느낍니다. 따라서 고양이가 어른이 된 뒤 갑자기 자동차에 태우거나 여기저기 데리고 돌아다니는 것은 삼가는 것이 좋습니다.

백신으로 예방할 수 있는 전염병은?

고양이 바이러스 감염증에는 무서운 전염병이 있습니다. 바이러스성 비기관지염, 칼리시 바이러스 감염증, 범백혈구 감소증, 백혈병 바이러스 감염증, 에이즈 바이러스 감염증이 그것입니다. 이러한 질병에 걸리면 면역력이 저하되어 2차적으로 다른 질병을 유발하여 죽음에 이르는 경우도 있습니다.

하지만 백신으로 예방할 수 있는 질병도 있습니다. 반드시 백신을 접종하여 무서운 전염병으로부터 소중한 반려묘를 지켜 주세요.

● 감염증의 종류

1. 고양이 바이러스성 비기관지염

헤르페스바이러스가 병원체로 마치 코감기에 걸린 듯한 증상을 보입니다. 콧물과 재채기, 심한 눈곱, 40도 이상의 열이 나고 식욕이 없어지며 설사나 탈수 증상을 보입니다. 그대로 두면 폐렴을 일으켜 죽을 수도 있습니다.

2. 고양이 칼리시 바이러스 감염증

이 바이러스 역시 고양이 바이러스성 비기관지염과 증상이 매우 비슷하며 콧물이나 재채기, 발열 등의 증상을 보입니다. 증상이 진행되면 혀나 입 주변에 궤양이 생기는 것이 특징으로, 2차감염으로 폐렴을 일으켜 죽음에 이르기도 합니다.

3. 고양이 범백혈구 감소증

백혈구가 극단적으로 적어지는 질병으로 파보바이러스가 병원체입니다. 감염되면 고열, 구토, 설사 등의 증상이 나타나며 목이 마비되어 물을 마시지 못할 때도 있습니다. 감염된 고양이의 변이나 체액으로 감염되거나, 어미로부터 새끼가 감염되기도 합니다. 사망률이 매우 높은 무서운 병입니다.

4. 고양이 백혈병 바이러스 감염증

종양을 발생시키는 바이러스로 림파육종의 주원인이라고 일컬어집니다. 고양이끼리의 싸움이나 교미로 감염되며, 어미로부터 감염되면(어미 배 속이나 수유 시) 면역력이 약해져 여러 가지 2차감염에 걸리기 쉽습니다.

5. 고양이 에이즈 바이러스 감염증

정확하게는 고양이면역부전바이러스감염증(FIV감염증)이라고 합니다. 면역부전바이러스를 가진 고양이의 타액 등이 싸움 등을 통해 생긴 상처로 감염됩니다. 초기에는 특별한 증상이 없으며, 질병이나 상처가 잘 낫지 않고 설사, 구내염, 비염 등의 증상이 나타납니다. 이 질병은 현재 백신도 바이러스를 죽이는 약도 없습니다.

● 백신 접종 시기는?

현재 1~3을 예방하기 위한 3종 혼합백신과 4를 예방하기 위한 고양이 백혈병 예방백신이 있습니다. 또한, 1~4를 예방할 수 있는 4종 혼합백신도 있습니다.

백신 접종의 시기는 지역에 따라 다소 차이를 보이므로 수의사와 상담하여 접종 시기를 확인합시다. 대체로 생후 2개월 정도에 최초의 혼합백신을 접종하고, 3개월 정도에 추가 혼합백신을 접종하며, 그 뒤로 매년 한 번씩 접종을 하게 됩니다.

이름

이름을 붙여 주면 애정 표현에 도움이 됩니다

● 의사소통의 첫걸음

부모 고양이와 새끼 고양이의 의사소통에는 부모가 새끼에게 하는 *랭귀지 샤워와 핥아서 접촉하는 그루밍이 있습니다.

사람과 고양이는 공통의 언어는 없지만, 고양이의 부모·자식 관계처럼 주인이 말을 걸거나 만져 주면서 서로의 의사나 기분을 이해할 수 있게 됩니다.

즉 고양이에게 이름을 붙여 주는 것은 고양이와 의사소통을 나누기 위해 중요한 일입니다.

*랭귀지 샤워(언어 샤워) – 구사하지 못하는 언어에 자주 노출되어서 학습하는 행위. 즉 부모의 언어나 의사 소통 방식을 보고 새끼 고양이가 흉내를 내고 의미를 이해하는 방식을 말한다.

● 부르기 편한 이름이 좋아요

예를 들어 일상생활 속에서 'ㅇㅇ야~, 밥 먹어.'라든가 'ㅇㅇ야~, 집 잘 보고 있어.'라고 말을 건네며 고양이와 의사소통을 할 때 이름이 길거나 발음이 어려우면 부르기도 힘들고 같은 사람이나 고양이도 알아 듣기 어렵습니다. 따라서 고양이에게 이름을 붙여 줄 때는 짧고 발음하기 쉬운 것이 좋습니다.

● 색이나 특징으로 이름을 붙여 보세요

고양이의 색이나 특징으로 이름을 붙이는 것이 가장 일반적인 방법입니다. '깜장', '흰둥', '삼색'이나 '꼬마', '동글', '보송' 등 털의 색이나 모습, 형태 등으로 붙인 이름입니다. 또 '야옹이' 등 울음 소리의 특징을 살려서 붙이기도 합니다.

일전에 '또무냥'이란 이름의 고양이가 있었습니다. 원래 잘 물어서인지, 그 이름을 붙인 뒤에 물게 되었는지는 모르지만 무는 버릇이 있는 고양이였습니다. 이름을 붙일 때는 '이름은 그것의 실체를 나타낸다.'라는 말을 염두에 두어 신중히 붙여 주세요.

● 인명이나 지명으로 이름을 붙여 보세요

인명이나 지명을 따서 이름을 붙이면 친밀감이 느껴집니다. 철수나 영희 등 전형적인 사람 이름부터 '존'이나 '재키' 등 외국 이름까지 여러 이름을 떠올려 볼 수 있습니다.

또 가 본 적이 있는 지명이나 한 번쯤 가 보고 싶은 지명 등을 붙여 보는 것도 좋습니다. 예를 들어 '시에나(이탈리아의 지명)'나 '팡보체(네팔의 지명)' 등 이곳저곳 찾아보는 즐거움도 있겠죠?

한편, 전에 여러 마리의 고양이를 키우고 있던 사람이 *야마노테선의 역명으로 고양이의 이름을 지은 것을 본 적이 있습니다. 고양이의 특징과 어울릴 만한 역명을 골라 붙여 주면 재미있겠네요.

*야마노테선(山手線) – 서울의 2호선 같은 도쿄 전철 순환선.

● 유명인의 이름을 붙여 보세요

영화나 TV, 소설이나 만화 등의 캐릭터나 역사상의 인물 혹은 배우 등 유명인의 이름으로 고양이 이름을 붙이는 것도 하나의 방법입니다.

'셜록 홈즈'처럼 평소 동경하던 캐릭터나 좋아하는 연예인의 이름을 빌리는 것도 재미있을 것 같네요.

고양이를 어느정도 이해했다면
수시로 그루밍을 해 주세요

고양이의 기분을 알아 주기 위해서는 되도록 많은 시간을 고양이와 보내는 것이 좋습니다. 또한 평소에 해 주는 그루밍은 매우 중요합니다. 고양이와 유대 관계가 깊어질 뿐만 아니라 이를 통해 질병이나 부상을 조기에 발견할 수 있기 때문입니다.

●피부 손질

우선 엉클어진 털을 손가락으로 풀어 준 뒤 빗살이 성긴 빗을 사용하여 빗겨 주세요. 그리고 마지막으로 몸 전체를 정성껏 빗겨 주세요. 털이 많이 엉켜 있다면 전문가에게 맡기는 편이 좋습니다. 특히 여름철에는 벼룩이나 진드기가 번성하므로 긁거나 핥아서 피부염을 일으키지 않았는지 등 몸을 꼼꼼히 살펴봅시다. 만약 몸을 가려워한다면 기생충 구제 목걸이나 스포이트 타입의 약을 사용하세요.

●목욕시키는 방법

대부분의 고양이는 목욕을 싫어하므로 어릴 때부터 익숙해지게 하는 것이 중요합니다.

목욕은 고양이가 더럽거나 냄새가 날 때만 하는 것이 좋습니다. 너무 잦은 목욕은 오히려 피부를 상하게 할 수 있습니다.

목욕을 시킬 때는 먼저 빗으로 털이 엉킨 부분을 풀어 주고, 미지근한 물로 몸을 적신 뒤 동물전용 샴푸로 씻깁니다. 씻긴 뒤엔 샴푸가 남지 않도록 충분히 헹궈 줍니다. 그리고 털을 완전히 말려 주세요.

●발톱 손질

실내에서만 기르는 고양이는 정기적으로 발톱을 잘라도 괜찮습니다. 하지만 밖에서 기르는 고양이라면 자르지 않는 것이 좋습니다. 나무에 오르거나 어딘가로 뛰어오를 때 발톱이 걸리지 않아 다칠 수도 있기 때문입니다.

발톱을 자를 때는 발톱 앞쪽의 반투명한 부분만 자릅니다. 깊이 자르면 피가 날 수도 있으므로 주의하세요.

●귀 손질

부드럽게 귀를 만져 보며 아파하지 않는지 귀에서 이상한 냄새가 나지 않는지 확인합니다. 심한 냄새가 나거나 지저분한 이물이 있다면 즉시 병원에 데려가세요.

귀 청소는 한 달에 2번 정도 면봉이나 거즈를 사용하여 조심스럽게 더러운 것을 닦아 냅니다. 귀를 긁거나 머리를 흔드는 행동을 자주 보인다면 귀에 질병이 생겼을 가능성도 있습니다.

●이빨 손질

한 달에 한 번 이빨 손질을 해 줍시다. 어릴 때부터 칫솔을 사용해서 닦아 주세요. 칫솔질을 싫어한다면 거즈 등을 사용해서 부드럽게 마사지를 해 줍시다. 치석이 붙어 있다면 병원에서 제거하세요.

제 1 장

이 증상은 뭐죠?

알기 쉬운

토했어요

언제, 얼마나, 무엇을 토했나요?

고양이가 토를 하는 원인은 다양합니다.

그중에는 빨리 치료하지 않으면 생명을 위협하는 것도 있습니다.

 ### 원인이 뭐예요?

- 살충제나 제초제 등 유독 물질의 중독
- 위장의 염증이나 이상 ●신장기능 장애 ●먹이 등

 ### 증상의 특징은?

같은 토를 한다고 해도 그 원인은 매우 다양합니다. 토를 하는 횟수가 많고 혈액이 섞여 있기도 하며, 복통을 동반하는 경우도 있습니다. 또, 점액이나 피가 섞인 변이나 혈뇨를 함께 보거나 식욕부진을 보이는 등 다른 증상도 함께 나타납니다.

어떻게 하면 나을까요?

대부분의 살충제에 포함된 피레트로이드라고 하는 살충 성분이나 제초제나 농약에 포함된 비소를 실수로 먹게 되면 구토나 설사, 혈뇨나 경련이 일어납니다. 또한, 식중독의 원인이 되는 오징어나 빈혈을 일으키는 파 종류 등에 의해 중독 증상을 일으켜 토하는 경우도 있습니다.

 ### 더 알아보기

고양이의 속마음 1

'골골골'

고양이가 매우 만족하고 있다면 '골골', '그르릉' 하고 목을 울리는 소리를 냅니다. 이것은 새끼 고양이가 모유를 먹을 때 내는 소리와 같습니다. 좋아하는 것을 봤을 때, 응석을 부리거나 기쁠 때 목을 울립니다.

고양이의 종류 1

페르시안 장모

호기심이 왕성하며 의젓하고 대범한 성격으로 아름다운 털이 특징입니다. 털을 자주 손질해 주어야 하며 심하게 엉키기도 합니다.

탄생국 아프가니스탄

이러한 증상을 보인다면 최대한 빨리 치료를 해야 합니다. 이 사고를 예방하려면 고양이가 다니는 장소에 살충제나 제초제, 오징어 과자나 파 종류를 두지 않도록 항상 주의를 기울여야 합니다.

삼킨 털이 위 안에 뭉쳐져서 위의 기능을 저해하는 모구증으로 인해 위장염을 일으켜 토를 하는 경우도 있습니다. 최근에는 체내에 들어간 털을 녹이는 사료도 있으므로 정기적으로 먹이면 예방할 수 있습니다.

신장기능 장애로 토하거나, 소변을 누고 싶어도 소변을 보지 못해 요독증에 걸려 죽는 경우도 있습니다. 항상 고양이의 모습을 관찰하여 이상하다고 생각되면 즉시 병원에 데리고 가세요. 또한, 나이가 들면 만성 신부전에 걸리기 쉬워지며 내버려 두면 역시 요독증이 옵니다. 요로질환이나 신부전을 예방하는 특수 사료도 있으므로 병으로 진행되기 전에 미리 예방하는 것이 좋습니다.

고양이는 자신의 몸을 스스로 보호하기 위해 위 속의 내용물을 게워 내기도 합니다. 구토 이외의 증상은 없는지 살펴보세요.

의사 선생님의 조언

잠시 상태를 지켜보며 토를 한 횟수가 1~2회 정도에 그쳤다면 크게 걱정하지 않아도 됩니다.

하지만 계속해서 심한 구토를 할 때는 질병이 있는 것은 아닌지 의심해 봐야 합니다. 언제 토를 했는지, 몇 번 정도 토를 했는지, 그 내용물은 어떤 것이었는지 등을 세세히 기록하여 수의사에게 이야기하세요.

🐾 **한줄정보** 요독증을 일으켜서 토를 하고 있다면 목숨을 잃을 수도 있어요.

식욕이 없어요

식욕으로 건강 상태를 알 수 있어요

몸 상태가 나빠지면 식욕에 기복이 나타니거나 먹지 않게 됩니다.

먹이를 자주 남기거나 식욕이 점점 준다면 병에 걸린 것일지도 모릅니다.

원인이 뭐예요?

- 고양이 바이러스 감염증 ● 고양이 에이즈 바이러스 감염증
- 고양이 전염성 복막염 ● 위장염 ● 기생충증 등

증상의 특징은?

갑자기 먹이를 먹지 않거나, 먹이를 자주 남기거나, 먹이는 먹지 않고 물만 마시는 등의 증상이 나타납니다. 대부분의 질병에서 공통으로 나타나는 증상이며 대표적인 것으로는 고양이 바이러스 감염증을 들 수 있습니다.

어떻게 하면 나을까요?

고열이나 구내염 등으로 인해 식욕이 없어지는 경우가 많습니다. 원인이 되는 병을 찾아 치료하면 식욕은 알아서 회복되니 먼저 병을 찾아서 치료합시다.

과식하거나 이물을 먹고 일으키는 급성위염, 장이 기생충이나 이물로 막혔을 때 일어나는 장폐색도 식욕이 없어지는 원인일 수 있습니다.

잘못된 식생활 때문에 식욕부진을 보인다면 평소 먹이에 신경을 씁시다.

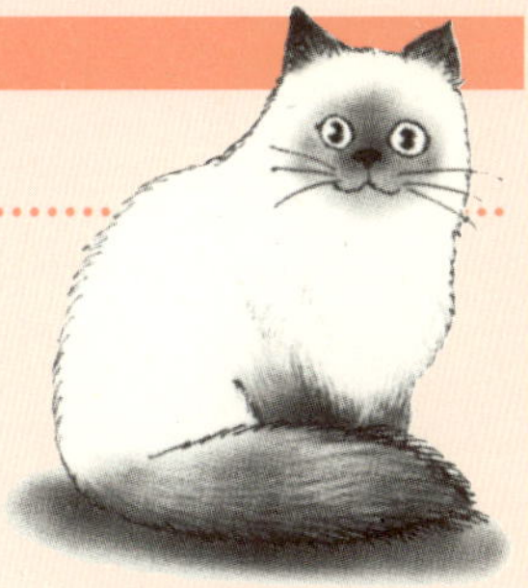

고양이 바이러스 감염증도 의심할 수 있습니다. 고양이 바이러스 감염증에는 고양이 바이러스성 비기관지염, 고양이 칼리시 바이러스 감염증, 고양이 범백혈구 감소증, 고양이 백혈병 바이러스 감염증이 있습니다. 이들 질병의 치료는 고양이 *인터페론 처치로 상당한 효과를 볼 수도 있으니 수의사와 상담해서 치료를 진행해 보세요. 이 질병들은 예방할 수 있는 백신이 있으니(24쪽 참조) 반드시 예방접종을 합시다.

최근에는 고양이 에이즈 바이러스 감염증도 자주 보입니다. 하지만 현재로서는 백신도 치료약도 없습니다. 혈액검사 등을 통해 감염이 확인된 고양이를 격리하여 다른 고양이에게 전염시키지 않도록 하는 것이 최선의 조치입니다.

고양이 전염성 복막염은 식욕부진 외에도 발열, 복수, 흉수 등의 증상이 나타납니다. 이 질병도 현재로서는 감염된 고양이를 격리하는 것 외에는 방법이 없습니다.

*인터페론 – 바이러스 감염 시에 면역세포에서 분비되는 물질로 체내 면역기능을 활성화시키고 항바이러스 성질을 가지고 있어 바이러스 감염의 치료제로 사용된다.

의사 선생님의 조언

위에서 살펴본 바와 같이 식욕부진의 원인은 매우 다양합니다. 질병에 따라서는 생명을 위협하는 것도 있으므로 평소 고양이의 상태를 잘 관찰하는 것이 중요합니다. 또한 고양이 바이러스 감염증 중에는 백신으로 예방 가능한 것도 있습니다. 잊지 말고 백신 접종 시기를 꼼꼼히 확인하여 감염을 예방하세요.

한줄정보 변비에 걸렸을 가능성도 있어요. 섬유질이 풍부한 먹이를 주거나 운동을 시켜 보세요.

물을 많이 마셔요

과식? 아니면 질병?

질병에 걸려 물을 많이 마시는 경우도 있습니다.

한편, 먹이를 바꾸거나 과식이 원인인 경우도 있습니다.

원인이 뭐예요?

- 급성위장염 ● 고양이 바이러스 감염증 ● 위, 십이지장의 손상
- 신부전 ● 당뇨병 등

증상의 특징은?

어떤 질병으로 인해 구토를 해서 물을 많이 마시는 경우도 있습니다. 또 신장기능이 정상적이지 않을 때도 같은 증상을 보입니다. 그 밖에도 과식을 했거나 염분이 많은 음식을 너무 많이 먹어서 이러한 증상을 보이는 일도 있습니다.

어떻게 하면 나을까요?

위염이나 장염에 걸려 구토나 설사를 해서 탈수 증상을 일으키는 경우도 있습니다. 식생활을 점검하면 상당 부분을 예방할 수 있으니 평소에 충분히 주의를 기울입시다.

고양이 범백혈구 감소증에 걸려도 고열과 구토, 설사로 인해 탈수 증상을 보이기도 합니다. 백신으로 예방할 수 있으므로 수의사와 상담하여 예방접종 시기를 정합시다.

🐾 더 알아보기

고양이의 속마음 2

'야옹~, 골골'

응석 섞인 소리로 가까이 다가오며 '야옹~, 골골' 하고 소리를 내는 경우가 있습니다. 이것은 반가움이나 기쁨을 표현하는 것입니다. 주인이 집에 돌아왔을 때나 응석을 부릴 때 등 주인 곁으로 다가와서 기쁨을 표현합니다.

더 알아보기

고양이의 종류 3

버만 장모

내성적이고 사람을 좋아합니다.
신발을 신은 것 같은 발가락과 아름다운 파란색 눈
이 인상적입니다.

탄생국 미얀마

신부전이 있으면 소변에 이상이 나타나거나 물을 많이 마십니다. 신부전의 원인은 여러 가지이며 치육염이나 치조농루 등도 그중 하나입니다. 치육염이나 치조농루가 생기면 고양이가 매우 아파해서 마취를 해야만 치료할 수 있는 경우도 있습니다. 즉시 수의사와 상담하세요.

당뇨병에 걸리면 탈수나 쇠약 상태가 되어 물을 많이 마시는 증상이 나타납니다. 인슐린 분비 이상이나 비만, 운동 부족 등이 원인으로 여겨집니다. 당뇨병이 악화되면 인슐린 주사를 맞아야만 살 수 있으며 합병증을 일으켜서 죽을 수도 있습니다. 평소에 건강관리에 주의를 기울이고 조기에 발견하는 것이 중요합니다.

이러한 질병 외에도 과식을 하거나, 염분이 많은 음식을 많이 먹었을 때도 물을 많이 마십니다. 고양이의 평소 식생활에 충분히 신경을 써 주세요. 만약 먹이를 바꾼 뒤에 물을 많이 마시거나 토를 한다면 전의 먹이로 되돌리는 것이 좋습니다.

 **의사 선생님의 조언**

통조림 타입의 먹이는 필요한 수분이 포함되어 있지만, 건식 타입의 먹이는 먹을 때 물을 많이 필요로 합니다. 먹이를 바꿨다면 한동안 상태를 지켜보고 이상이 보이면 전의 먹이로 되돌려 줍니다. 또, 질병이 있는 경우에는 그에 맞는 처방식도 있으므로 수의사와 상담하세요.

한줄정보 물을 많이 마시고 소변도 자주 보며 야위었다면 특히 주의하세요.

입과 코가 보내는 SOS!
침을 많이 흘려요 · 입냄새가 나요

원인이 뭐예요?

● 구강질환 ● 코질환 ● 중독 ● 멀미 등

침을 많이 흘리거나 심한 구취가 나는 것은 무언가 질병이 있다는 신호입니다.

구강질환 외에도 다른 원인이 있을 수도 있습니다.

증상의 특징은?

구내염이나 치육염, 궤양 등의 구강질환이나 비염, 부비강염 등의 코질환, 폐렴이나 만성적인 위장질환 등에 의해 입냄새가 심해집니다. 또 약물 중독이나 멀미 등으로 침을 흘리는 경우도 있습니다.

어떻게 하면 나을까요?

구내염이 생기면 입냄새가 심해지거나 침을 많이 흘리고 입 안이 검붉게 짓무르거나 하얗게 불은 것처럼 보이기도 합니다. 통증이 수반돼서 식욕부진이 나타나는 경우도 있습니다.

원인은 외상, 약물 등의 자극, 고양이 바이러스 감염, 세균감염 등 다양합니다. 재발하기 쉬우므로 구내염에 걸리면 완치될 때까지 적절한 병원 치료를 받아야 합니다.

고양이의 종류 4

랙돌 장모

몸집이 크며 온화하고 느긋한 성격의 어리광쟁이. 태어났을 때는 하얀색을 띠고 나이가 들면서 털의 색이 바뀝니다.

탄생국 미국

4 침을 많이 흘려요 입냄새가 나요

치육염은 건강한 분홍색의 치육이 적색 또는 적보라색이 되고 심한 입냄새가 나게 됩니다. 원인은 이빨 표면에 붙은 세균이 증식하여 노랗고 얇은 막 상태로 넓어진 치구나 치석입니다. 증상이 악화되면 식욕부진도 나타납니다.

이러한 구강질환은 고양이가 어릴 때부터 칫솔로 이를 닦아 주는 습관을 들이면 예방할 수 있습니다. 하지만 습관이 들기까지는 주인의 꾸준한 노력이 필요합니다. 그럼에도 불구하고 칫솔을 싫어한다면 식후에 거즈 등으로 이빨을 닦아 주는 것도 효과가 있습니다.

그 밖에 독극물에 의한 중독인 경우도 있습니다. 원인 물질을 발견하면 그것을 가지고 병원에 데려갑시다.

차멀미를 하거나 어떤 자극적인 냄새를 맡아도 침을 많이 흘리는 고양이도 있습니다. 기운이 없어지고 먹은 것을 토하기도 합니다. 잠시 안정을 취하게 하고 고양이의 상태를 지켜봅시다. 증상이 나아지지 않는다면 병원에 데려가세요.

의사 선생님의 조언

고양이 바이러스성 비기관지염이나 고양이 칼리시 바이러스 감염증 등 바이러스성 호흡기질환을 동반하는 비염이나 부비강염에 걸리면 호흡을 할 때 특유의 악취를 풍기기도 합니다. 백신 접종으로 예방할 수 있으니 잊지 말고 예방접종을 하도록 합시다.

한줄정보 치석이 끼면 제거하세요.

잇몸에서 피가 나요

식욕이 없어지기도 해요

잇몸에서 피가 나는 원인은 대부분 잇몸의 염증이나 외상에 의한 것입니다. 증상이 악화되면 식욕이 없어지고 점점 살이 빠질 수도 있습니다.

원인이 뭐예요?

● 치육염 ● 치주질환 ● 쥐약 중독 등

증상의 특징은?

치육염이나 치주질환 등 치육에 염증을 일으키는 질병이 원인인 경우가 있습니다. 증상이 악화되면 통증을 수반하여 식욕이 줄고 살도 빠집니다. 또 쥐약 등으로 인한 중독이 원인인 경우도 있습니다. 평소 고양이의 상태를 꼼꼼히 관찰해 주세요.

어떻게 하면 나을까요?

치육염이란 치구가 굳어져 치석이 되어 이빨과 치육 사이에 깊숙이 들어가 주위 조직에 세균이나 독소가 침투하게 되어 치육이 붓고 피가 나며 적보라색으로 변색되는 질병입니다. 치석을 제거하고 적절한 치료를 하면 나을 수 있습니다.

🐾 더 알아보기

고양이의 속마음 3

'하악'

화가 났거나 상대를 위협할 때 내는 울음소리입니다. 털을 거꾸로 세우고, 몸을 둥글게 말아서 커 보이려 합니다. 개를 보거나 영역 내에 다른 고양이가 들어 오면 '하악' 하는 소리를 내고 상대를 위협하는 것입니다.

고양이의 종류 5

메인쿤 장모

광택 있는 풍성한 털이 보기만 해도 멋집니다.
여린 미성의 울음소리가 특징입니다.

탄생국   미국

또, 치육염이 이빨 뿌리 가까이까지 다다른 질환이 치주질환입니다. 이빨을 받치고 있는 조직이 파괴되어 치근이 드러나게 됩니다. 붉게 붓고 피가 나며 이빨이 흔들리다 빠지게 됩니다. 이 상태가 되면 반드시 병원 치료를 받아야 합니다.

이러한 치주질환을 예방하는 최선책은 치구나 치석이 잘 생기지 않게 하는 것입니다. 동물용 과자나 껌 등은 치구 제거에 도움이 되며 치구가 잘 생기지 않는 먹이도 판매되고 있습니다. 칫솔이나 거즈 등을 사용하여 치구를 제거하는 것이 중요합니다. 고양이의 입 안을 자주 확인해 주세요.

한편, 워퍼린이라는 약물이 포함된 쥐약을 먹어서 치육에서 피가 날 수도 있습니다. 쥐약을 먹은 쥐를 잡아먹고 중독되는 경우도 있습니다. 수의사의 치료가 필요하므로 즉시 병원에 데려가세요. 약물을 보관할 때는 이러한 사고가 일어나지 않도록 최대한 주의하는 것이 무엇보다 중요합니다.

의사 선생님의 조언

치주질환은 증상이 나타나기까지 시간이 걸리는 경우가 많으므로 평소에 이빨 상태를 자주 관찰하세요. 또한 쉬운 일은 아니지만 평소에 칫솔이나 거즈 등을 사용해서 관리해 주면 치주질환을 예방할 수 있습니다.

정기적으로 진찰을 받고, 평소에 조금씩 시간을 투자해서 이빨 손질을 해 주세요.

한줄정보 고양이가 어릴 때부터 양치질하는 습관을 들여 놓으면 좋아요.

입 안이 짓물러요

여러 가지 원인을 생각해 볼 수 있어요

구내염이나 설염에 걸리면 입 안이 짓무르는 경우가 있습니다. 증상이 악화되면 통증이나 불쾌감으로 식욕이 없어지고 쇠약해질 수도 있습니다.

원인이 뭐예요?

●구내염 ●설염 ●고양이 바이러스 감염증 등

증상의 특징은?

구내염이나 설염에 걸리면 입 안이 짓무르는 경우가 많습니다. 구내염이나 설염의 원인은 매우 다양하며 입 안에 이물 혹은 자극적인 물질이 들어오거나 고양이 바이러스 감염증의 증상으로 나타나기도 합니다.

어떻게 하면 나을까요?

구내염의 원인은 외상, 자극 물질, 치육염에 수반되는 세균성 질환, 고양이 바이러스 감염증 등 여러 가지를 생각해 볼 수 있습니다.

그 원인이 무엇이든 구내염이 발생하면 입 안이 짓무르는 증상 외에도 입 부근을 만지면 싫어하고 침을 많이 흘리며 통증으로 인해 먹이를 잘 먹지 않는 증상 등을 보이기도 합니다.

이런 증상을 보인다면 먼저 치구나 치석을 제거하고 약물치료를

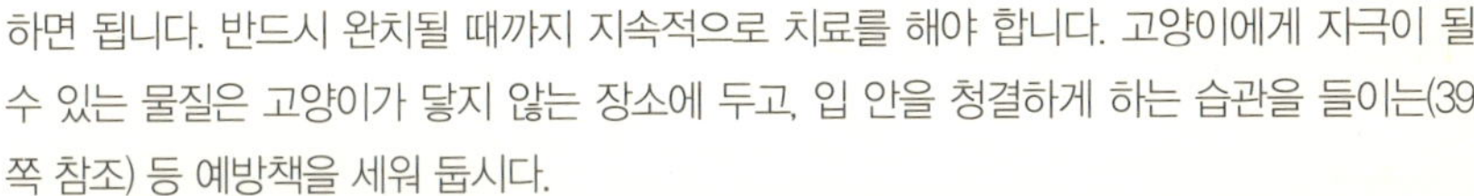

더 알아보기

고양이의 종류 6

노르웨이숲 장모

목도리를 감고 있는 듯한 털, 큰 몸집, 긴 다리가
특징으로 나무타기와 사냥이 특기입니다.

탄생국　　노르웨이

하면 됩니다. 반드시 완치될 때까지 지속적으로 치료를 해야 합니다. 고양이에게 자극이 될
수 있는 물질은 고양이가 닿지 않는 장소에 두고, 입 안을 청결하게 하는 습관을 들이는(39
쪽 참조) 등 예방책을 세워 둡시다.

구내염이나 설염을 자주 발병시키는 고양이 바이러스 감염증에 사람은 감염되지 않습니
다. 고양이 바이러스 감염증은 백신이나 치료 방법이 없는 고양이 에이즈 바이러스 감염증
과, 발병은 드물지만 예후가 매우 좋지 않은 고양이 백혈병 바이러스 감염증, 코감기 같은
증상을 보이는 고양이 바이러스성 비기관지염 등이 있습니다. 고양이 백혈병 바이러스 감염
증이나 고양이 바이러스성 비기관지염은 백신이 있으므로(24쪽 참조) 반드시 예방접종을 하
도록 합시다.

고양이 칼리시 바이러스 감염증에 걸리면 혀 표면에 수포나 궤양이 생기고 극심한 통증이
수반되어서 물조차 마시지 못하게 됩니다. 백신으로 예방할 수 있으므로 예방접종을 반드시
하도록 합시다.

의사 선생님의 조언

증상이 악화되어 먹이를 잘 먹지 못할 때는 우유나 수프 등 먹기 쉬운 묽은 음식
으로 바꾸고 양을 줄여 조금씩 먹이를 주도록 합시다. 체력이 떨어지지 않도록 끈기
를 가지고 간호하며 치료를 진행해 나가는 것이 중요합니다.

한줄정보　중증 구내염은 통증이 심하므로 최대한 빨리 치료해 주세요.

이빨이 빠져요

나이를 고려하고 상태를 잘 관찰하세요

질병으로 인해 이빨이 빠지는 경우가 있습니다. 하지만 고양이가 나이를 먹어 특별히 병에 걸린 것이 아니어도 이빨이 빠지기도 합니다. 고양이의 나이를 고려하여 판단하세요.

원인이 뭐예요?

●이갈이 ●노화 ●치주질환 등

증상의 특징은?

치주질환으로 이빨이 빠지는 경우가 있습니다. 또 새끼 고양이는 생후 3개월 이후 이갈이를 할 때, 노령 고양이는 특별한 질병이 없어도 이빨이 빠지는 경우가 있습니다.

어떻게 하면 나을까요?

고양이의 이빨은 대체로 생후 2주가 되면 나기 시작하여 1개월이 지나면 26개의 이빨이 갖춰집니다(20쪽 참조). 그리고 생후 3개월 경부터 유치가 빠지고 영구치가 나기 시작하며, 5~6개월 경까지 30개의 영구치가 갖춰집니다.

🐾 더 알아보기

고양이의 속마음 4

'냥냥'

배가 고플 때나 밖에 나가고 싶을 때 등 상대에게 무언가 알리고 싶을 때 내는 울음소리입니다. 이때 고양이의 태도를 살펴보면 무엇을 원하고 있는지 알 수 있습니다. 때로는 사람의 몸을 툭툭 건드리거나 긁으면서 재촉하기도 합니다.

고양이의 종류 7

아메리칸컬 장모&단모

귀가 뒷쪽으로 부드러운 곡선을 그리며 꺾여 있는 것이 특징입니다. 침착하고 우호적인 성격입니다.

탄생국 | 미국

12~13살이 넘은 노령의 고양이는 잇몸이나 치조 부분이 약해져서 이빨이 빠지는 경우가 있습니다. 특별한 질병으로 인해 빠지는 것이 아니므로 걱정하지 않아도 되지만, 음식물을 잘 씹지 못하게 됩니다. 젊을 때 먹이던 먹이가 아닌 소화가 잘되고 먹기 쉬운 먹이로 바꿔 줍시다.

치주염으로 인해 이빨을 받치고 있는 조직이 망가져서 이빨이 흔들려 빠지는 경우가 있습니다. 극심한 통증이 수반되는 질환으로 입을 만지면 싫어하고 먹이를 잘 먹지 못하기도 합니다. 더욱 증상이 악화되면 턱뼈에 골수염을 일으키거나 치근부의 고름이 피부를 뚫고 나올 수도 있습니다. 이렇게까지 진행되면 한시라도 빨리 전문적인 치료를 받아야 합니다. 즉시 병원에 데려가세요.

치주질환은 대부분 세균감염으로 일어나므로 치구나 치석이 붙지 않게 하는 것이 예방의 첫걸음입니다. 평소에 입 안의 상태를 관찰하고 칫솔이나 거즈 등을 사용하여 수시로 이빨 손질을 해 주세요.

의사 선생님의 조언

잇몸이 약해져 헐거워졌다면 수의사와 상담하여 이빨을 발치하는 것이 좋습니다. 고양이는 대부분 먹이를 그대로 삼키기 때문에 씹지 않아도 소화에 문제가 없기 때문입니다.

먹이를 줄 때는 먹기 쉬운 크기로 잘라 주면 고양이가 먹기 편합니다.

기침이나 재채기를 해요

감기 증상을 보인다면 방심은 금물

기침이나 재채기는 비교적 알아채기 쉬운 증상 중 하나입니다. 모른 척 방치했다가 최악의 경우 목숨을 잃을 수도 있다는 걸 기억하세요.

원인이 뭐예요?

- 기관지염 ● 고양이 바이러스 감염증 ● 폐렴 ● 폐수종
- 폐종양 ● 폐출혈 ● 심장사상충 등

증상의 특징은?

기침이나 재채기를 하는 것은 단순한 감기 증상으로 보이지만 고양이의 기침에는 다양한 원인이 있습니다. 그중에는 고양이의 목숨을 위협하는 질병도 있으므로 속히 병원에서 진단을 받도록 합시다.

어떻게 하면 나을까요?

기관지염은 '캑캑' 하고 마른 기침을 합니다. 기운도 있고 식욕도 있다면 치료 며칠 만에도 나을 수 있습니다. 하지만 몇 주간 기침이 계속되면 '쌕쌕'거리며 가래가 있는 듯한 기침을 하게 됩니다. 또, 콧물이 멈추지 않고 발열, 식욕부진 등의 증상도 나타나게 됩니다.

고양이의 종류 8

먼치킨 장모&단모

다리가 짧고 발이 약간 밖을 향해 있습니다.
호기심이 많고 사랑스러운 성격입니다.

| 탄생국 | 미국 |

노령 고양이에게서 자주 나타나는 증상으로 다양한 원인을 생각해 볼 수 있습니다. 먼지나 자극적인 것을 흡입하여 기관지염에 걸리는 경우도 있으므로 평소 생활환경을 청결하게 유지하도록 합시다.

또 고양이 바이러스성 비기관지염이나 고양이 칼리시 바이러스 감염증 등 고양이 바이러스 감염증으로 폐렴이나 폐수종이라고 하는 폐질환에 걸릴 수도 있습니다. 기침 외에도 식욕부진, 발열, 탈수 증상 등을 보이고, 그 증상이 1개월 이상 지속되는 경우도 있습니다. 고양이 바이러스 감염증 중에는 백신으로 예방할 수 있는 것도 있으므로(24쪽 참조) 예방접종을 절대 잊지 마세요.

또한, 극히 드물지만 개의 대표적 질병인 심장사상충에 감염되기도 합니다. 감염되면 기침이나 재채기 외에도 각혈이나 호흡곤란을 일으키고, 혈뇨를 보는 경우도 있습니다. 모기가 발생하는 시기에 예방약을 먹이면 예방할 수 있으므로 수의사와 상담하세요.

의사 선생님의 조언

고양이를 동물병원에 데리고 오면 고양이가 긴장한 탓에 기침이나 재채기 등을 하기도 합니다. 증상을 충분히 관찰한 뒤, 그 증상을 가능한 한 자세히 수의사에게 전달하면 진단이 순조롭게 진행되어 조기 치료로 이어집니다.

열이 없는지 확인해 보세요

콧물이 나와요 · 코가 건조해요

평상시 차갑고 젖어 있는 고양이의 코는 열이 있으면 건조해집니다. 고양이의 상태를 충분히 관찰하고 질병을 알아챘다면 즉시 치료를 시작하세요.

 ## 원인이 뭐예요?

●고양이 바이러스 감염증 ●세균성 질환 ●부비강염
●발열성 질환 등

 ## 증상의 특징은?

고양이 바이러스 감염증이나 세균성 질환 등에 의해 기침이나 콧물이 나오는 경우가 있습니다. 또 다른 무언가의 질병으로 열이 나서 코가 건조해지는 경우도 있습니다.

 ## 어떻게 하면 나을까요?

고양이 바이러스성 비기관지염이나 고양이 칼리시 바이러스 감염증 등의 고양이 바이러스나, 포도상구균이나 연쇄상구균, 대장균이나 파스튜렐라 등의 세균에 감염되어 기침이나 콧물이 나오는 경우가 있습니다.

🐾 더 알아보기

고양이의 속마음 5

'꺄옹, 꺄옹'

고양이가 소리를 높여서 시끄러울 정도로 울 때가 있습니다. 이것은 동료를 부르거나 짝을 원하거나 배가 고프다는 등 즉시 무언가를 해 주길 바라는 경우가 대부분이라고 합니다. 마치 빽빽 소리를 지르듯이 짧고 연속해서 '꺄옹, 꺄옹' 하고 소리를 냅니다.

고양이 바이러스 감염증을 예방할 수 있는 백신이 있으므로(24쪽 참조) 예방접종을 반드시 하도록 합시다. 또 세균감염은 위생 관리에 신경을 쓰는 등 생활환경을 개선하면 예방할 수 있습니다.

또 이러한 감염증의 후유증으로 부비강염에 걸리는 경우도 있습니다. 콧물이 계속 나고 악취가 나기도 합니다. 그 밖에 식욕부진이 되거나 급격히 체중이 감소하거나 입으로 호흡하는 등 여러 가지 증상도 나타납니다. 전문적인 치료가 필요하므로 즉시 병원에 데려가세요.

한편 고양이가 자고 있을 때나 잠에서 막 깼을 때에는 코가 말라 있습니다. 이때는 고양이의 코가 건조하다고 해서 바로 질병을 걱정하지 않아도 됩니다. 그러나 잠을 깬 뒤 시간이 지나도 여전히 코가 건조하다면 열이 나는 것일 수도 있습니다. 동물용 체온계를 항문에 넣어 열을 재 봅시다(156쪽 참조). 고양이의 평열은 대략 38도 전후입니다. 열이 높다면 즉시 병원에 데리고 가서 수의사의 지시에 따라 치료를 받읍시다.

의사 선생님의 조언

증상이 가볍다고 내버려 두면 코질환이 중증으로 발전하거나 만성화될 수도 있습니다. 2~3일이 지나도 콧물이 그치지 않거나 코가 여전히 건조하다면 바로 병원에 데리고 가세요. 무언가 질병에 걸렸을 가능성이 높습니다.

코골이가 심해요

코질환? 아니면 비만?

고양이도 사람과 마찬가지로 코를 골기도 합니다.

하지만 코를 심하게 골고 호흡도 이상하다면 어떤 질병이 있는 것일지도 모릅니다.

 ## 원인이 뭐예요?

●비만 ●부비강염 ●바이러스성 호흡기질환 ●세균성 질환 등

 ## 증상의 특징은?

코골이는 비만이나 부비강염이나 바이러스성 호흡기질환과 같은 코질환에 의한 것 등 가지가지입니다. 병원에서 치료를 받으면 개선되기도 하지만, 증상이 갑자기 심해졌다면 긴급사태입니다. 즉시 수의사에게 연락하세요.

 ## 어떻게 하면 나을까요?

비만 고양이는 축적된 지방이 상기도를 막아 공기가 통하는 길이 좁아져서 그 부분의 점막이 진동하여 코를 골기도 합니다. 이 경우 식생활을 개선하고 운동을 시키면 개선됩니다(64쪽 참조).

부비강염이 원인일 가능성도 있습니다. 부비강이란 비강의 안쪽으로 통하는 뼈로 둘러싸여 있는 공간입니다. 이것이 염증을 일으키면 코가 쉽게 막혀 비강의 공기저항이 커지고 입천장이 진동하게 되어

고양이의 종류 10

라팜 장모&단모

구불구불 말린 털이 귀엽습니다. 활발하고 사람을 잘 따르는 성격으로 사냥이 특기입니다.

탄생국　미국

서 코를 골게 되는 것입니다. 부비강염의 원인으로는 바이러스성 호흡기질환이나 세균성 질환 등이 예상됩니다.

바이러스성 호흡기질환은 고양이 바이러스성 비기관지염이나 고양이 칼리시 바이러스 감염증 등을 생각해 볼 수 있습니다. 발열이나 재채기, 침을 많이 흘리고 입을 벌리고 호흡하는 등 사람의 감기와 비슷한 증상을 보입니다. 고양이 바이러스 감염증 중에는 백신으로 예방할 수 있는 것도 있으므로(24쪽 참조) 잊지 말고 예방접종을 받도록 합시다.

또 세균성 질환은 위생 관리에 유의하는 등 생활환경 개선으로 예방할 수 있으므로 평소에 조심하는 것이 중요합니다.

만약 코골이가 갑자기 심해졌거나 호흡이 이상해졌다면 응급 상태입니다. 즉시 병원에 데리고 가세요.

의사 선생님의 조언

호흡기 이상은 평소에도 꾸준히 관찰하지 않으면 알아채기 매우 어렵습니다. 작은 증상이라도 놓치지 말고 평소 고양이를 잘 살펴보고, 이상을 발견하면 즉시 병원에 데려갑시다.

또한 위생 관리도 중요합니다. 고양이와 함께 지내는 생활환경을 항상 청결하게 유지합시다.

한줄정보 페르시안 고양이와 같이 납작하거나 코끝이 주름진 고양이는 코골이가 심합니다.

눈물·눈곱이 많아요

눈은 중요한 기관이라 빨리 대응해야 해요

어둠 속에서도 잘 보이며 거리를 재빠르게 측정하는 등 다양한 기능을 하는 눈은 고양이에게 매우 중요한 기관입니다. 눈의 이상은 조기에 발견하는 것이 중요합니다.

원인이 뭐예요?

● 유루증 ● 안검내·외반증 ● 결막염 ● 각막염
● 신생아안염 등

증상의 특징은?

기본적으로 눈물 양이 많거나, 누관이라는 눈물길에 이상이 있거나, 안검(눈꺼풀)이 내측으로 말려서 속눈썹이 각막을 자극하거나, 반대로 외측으로 말려들어 가서 질병이 생겨 눈물이나 눈곱이 생기는 경우가 있습니다.

어떻게 하면 나을까요?

유루증은 눈물의 양이 많거나 눈물이 지나는 관에 이상이 있을 때 발생합니다. 코가 극단적으로 짧은 페르시안 등에서 많이 보입니다. 눈이나 코의 형태에 의해 발생하는 경우가 많으므로 아랫눈꺼풀 안쪽이 눈물 때문에 갈색이 되었다면 병원에서 검사를 받아 봅시다.

안검이 내측으로 말려 들어간 상태를 내반증, 외측으로 말린 상태를 외반증이라고 합니다. 고양이는 외반증은 드문 편이며, 내반증은

🐾 더 알아보기

새로운 고양이와 친해지는 법 1

다른 고양이와 공생하기

고양이는 한 마리만 기르는 것보다 두 마리를 함께 기르는 편이 고양이의 활기찬 생활에 도움이 된다고 합니다. 특히 새끼 고양이는 다른 고양이와 접촉을 하면 심신의 성장에 도움이 됩니다.

고양이의 종류 11

터키시반 장모

크고 동그란 눈과 부드럽고 폭신폭신한 털이 몸을 덮고 있습니다. 더운 여름엔 수영을 즐기기도 합니다.

탄생국 　터키

대부분 선천적입니다. 속눈썹이 각막을 찌르고 비벼서 그대로 두면 실명할 수도 있습니다. 심해지기 전에 치료하는 것이 좋으므로 수의사와 상담해 봅시다.

눈 안의 점막이 염증을 일으키는 것을 결막염이라고 합니다. 알레르기나 고양이 바이러스 감염증, 외상 등 원인은 다양합니다. 치료 방법도 눈 세척부터 수술을 필요로 하는 것까지 다양합니다.

각막염은 눈동자 표면에 있는 얇은 각막에 염증이 생긴 질환입니다. 결막염과 마찬가지로 원인은 다양하며 비타민A나 항생물질 등의 투여나 수술 등 치료법도 다양합니다.

눈질환은 대체로 진행이 빠르며 원인도 매우 다양하다는 특징이 있습니다. 눈에 이상을 발견하면 되도록 빨리 병원에 데려가서 조기에 치료를 받는 것이 좋습니다.

한편, 약을 잘못 사용해서 증상이 악화되는 경우도 있으므로 반드시 수의사와 상담한 후 사용해야 합니다.

의사 선생님의 조언

결막충혈, 부종, 순막이 부어 눈이 막혀 있는 새끼 고양이는 신생아안염이 의심됩니다. 통증 때문에 젖을 잘 먹지 못해서 쇠약해질 수 있습니다. 실명할 수도 있으므로 즉시 수의사와 상담하고 최대한 빨리 치료를 시작합시다.

한줄정보　눈 질환 외에 어떤 질병으로 열이 나서 눈곱이 생기는 경우도 있어요.

눈이 하얗게 흐려져요

눈이 안 보이게 될 수도 있어요

눈질환은 다양한 원인과 복잡한 요소를 가지고 있습니다. 눈이 하얗게 흐려지는 증상은 비교적 알아채기 쉬우므로 발견하면 먼저 질병을 의심하고 조기에 치료를 시작합시다.

원인이 뭐예요?

● 각막염 ● 안검내반증 ● 백내장 ● 녹내장 등

증상의 특징은?

안구가 하얗게 흐려지는 경우와 안구 안에 있는 동공이 하얗게 되는 경우가 있습니다. 전자는 각막에 상처를 입었거나 세균감염 등으로 인한 경우가 대부분입니다. 후자는 눈 안의 수정체가 하얗게 흐려지는 백내장과 눈 안의 압력(안압)이 급상승하는 녹내장이 있습니다.

어떻게 하면 나을까요?

안구가 하얗게 흐려지는 증상은 각막 손상이나 세균감염 등에 의해 일어납니다. 각막염은 안검내반증(50쪽 참조)이 원인으로 각막에 상처를 입거나, 상처 부위에 세균 등이 들어가서 생깁니다. 눈질환 중에서는 흔한 질병입니다. 눈이 하얗게 흐려지는 증상은 비교적 알아채기 쉬우므로 즉시 병원에 데려가 치료를 시작합시다.

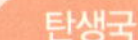

고양이의 종류 12

터키시앙고라 장모

몸집이 작고 근육질이며, 마치 비단결같이 가늘고 부드러운 털을 가지고 있습니다. 활달하고 성미가 급한 편이며 장난을 좋아합니다.

| 탄생국 | 터키 |

백내장은 눈 안의 수정체가 하얗게 흐려지면서 시력을 잃게 되는 병입니다. 원인 불명인 경우가 많으며 선천성, 노령성, 그리고 당뇨병에 의한 것 등이 있습니다. 현재로서는 백내장을 치료하는 약은 없습니다. 진행을 늦추거나 어느 정도 회복시키는 약밖에 없습니다. 시력이 전혀 없다면 수술을 하기도 하니 수의사와 상담해 보세요.

녹내장은 눈 안의 압력(안압)이 갑자기 올라가는 상태입니다. 눈에 통증을 느끼거나 눈 안이 혼탁해지거나 계속 동공이 열려 있는 상태가 지속되는 증상이 나타납니다. 원인은 다양하지만, 선천적이거나 눈에 생긴 질병에 의해 발병하는 사례가 많다고 합니다. 실명할 가능성이 높으므로 녹내장에 걸리면 조기에 수의사와 상담하는 것이 좋습니다. 치료는 내과적인 방법과 외과적인 방법이 있으며 장기적으로 치료하는 경우가 많습니다. 끈기를 가지고 치료를 지속해 나갑시다.

의사 선생님의 조언

증상에 따라 넣어도 되는 안약과 도리어 악화시키는 안약이 있으므로 안약은 신중히 골라서 사용해야 합니다.

눈에 이상을 발견했다면 먼저 수의사와 상담하고 즉시 전문적인 치료를 시작하여 병을 키우지 않는 것이 무엇보다 중요합니다.

한줄정보 노령의 고양이라면 노령성 백내장일 가능성도 있습니다.

눈을 긁어요 · 눈이 부어요

눈질환의 신호예요

고양이가 앞발로 얼굴을 닦고 있는 모습은 귀엽습니다. 하지만 눈을 긁다가 눈에 상처가 나거나 부을 수도 있으므로 유심히 관찰하세요.

 ## 원인이 뭐예요?

●안검염 ●알레르기 ●신생아안염 ●결막염 ●각막염
●고양이끼리의 싸움 등

 ## 증상의 특징은?

눈질환이 눈곱, 눈물, 통증, 가려움 등을 수반하여 앞발로 눈을 긁거나 눈이 부을 수 있습니다. 그 결과 증상이 더욱 악화되는 경우도 있으므로 평소 고양이의 행동에 주의를 기울이세요.

 ## 어떻게 하면 나을까요?

안검(눈꺼풀)이나 그 주위에 염증을 일으키는 것을 안검염이라고 합니다. 세균이나 곰팡이류의 하나인 진균 등의 감염, 꽃가루나 먼지 등으로 인한 알레르기, 외상 등 다양한 원인을 예상할 수 있습니다.

눈 주위가 부어오르고 가려워하는 것 외에, 통증으로 눈을 비비거나 물건에 눈을 문지르는 동작을 보이게 됩니다. 이러한 행동은 증

🐾 더 알아보기

새로운 고양이와 친해지는 법 2

양쪽 고양이의 상태를 살피세요

새로운 고양이를 데려오면 좀처럼 친해지지 못하고 오히려 싸우거나 문제 행동을 일으키는 경우도 있습니다. 전부터 기르던 고양이의 상태를 조금 더 유심히 관찰하면서 조금씩 익숙해지도록 도와주세요.

고양이의 종류 13

소말리 중모

총총한 탐스러운 꼬리와 완만한 곡선을 그리는 아치형의 등이 특징입니다. 실외 활동을 좋아하는 타고난 사냥꾼입니다.

| 탄생국 | 영국 |

상을 악화시키므로 되도록 빨리 병원에 데려가서 전문적인 치료를 시작해야 합니다.

또한 결막염이나 각막염으로 통증을 느끼고 눈을 긁거나 눈이 붓는 경우도 있습니다(50쪽 참조). 어떤 질병인지에 따라 그 치료법도 모두 다릅니다.

한편, 고양이끼리 싸우다가 눈에 상처를 입어 눈이 부어오르는 경우도 있습니다. 다른 질병으로 이어질 가능성이 높으므로 눈 주위에 외상이 보인다면 즉시 수의사와 상담하세요. 이 사고를 예방하려면 고양이의 싸움이 증가하는 연 2~4회 찾아오는 발정기에 되도록 고양이를 밖에 내보내지 않는 것이 좋습니다.

사람과 마찬가지로 고양이에게도 눈은 중요한 감각기관입니다. 예방은 어렵지만 조기 발견이 조기 치료로 이어지므로 평소 고양이의 모습을 충분히 관찰하고 이상을 발견하면 즉시 병원에 데리고 가세요.

의사 선생님의 조언

고양이의 알레르기 증상은 사람과 마찬가지로 호흡기질환이나 피부질환이 나타납니다. 가려움을 동반하므로 긁은 상처에 세균감염을 일으켜 증상이 심해집니다.

최근에는 알레르기성 피부염의 알레르겐 검사(알레르기를 일으키는 원인을 알아내는 검사)가 가능해졌으니 참고하세요.

한줄정보 눈곱이 끼어서 눈이 가렵거나 부어오르는 경우도 있어요.

귀에서 고약한 냄새가 나요

귀 손질은 해 주고 있나요?

귀 가까이에 코를 갖다 대기만 해도 고약한 냄새가 날 때가 있습니다. 귀지가 쌓여서 그런 경우도 있지만, 외이염 등 귀질환일 수도 있습니다.

원인이 뭐예요?

● 외이염 ● 중이염 ● 귀개선증(귀옴증) 등

증상의 특징은?

귀지나 세균, 곰팡이 등에 감염되어 귀의 입구에서부터 고막 사이의 외이도에 염증을 일으켜 외이염이 되거나, 고막 안쪽 부분의 염증인 중이염 등을 발병시키는 경우도 있습니다.

어떻게 하면 나을까요?

고양이의 외이도는 L자형으로 구부러져 있어서 귀지가 쌓이기 쉽고 세균이나 곰팡이 등이 붙거나, 목욕할 때 물이 들어가서 외이염을 일으키는 경우도 있습니다. 평소 귓속을 청결하게 유지하는 것이 중요합니다.

외이염의 원인은 귀지나 세균, 곰팡이 감염 외에도 귀개선증(58쪽

더 알아보기

고양이의 종류 14

발리네즈 장모

호리호리하고 우아한 외모를 지니고 있어요. 사교적이고 호기심이 많으며, 밝고 활동적인 사랑스러운 성격입니다.

탄생국 미얀마

참조) 등의 기생충, 종양이나 부상 또는 사고로 인한 외상 등이 있습니다. 염증이 생기면 귓속에서 고약한 냄새가 나며 동시에 귀를 가려워하고 머리를 흔들며 털거나 고름이 나오는 등의 증상이 나타납니다. 치료 방법은 원인에 따라 달라지므로 다른 동물용으로 처방받은 약이나 이전에 처방받은 약을 사용해서는 안 됩니다.

외이염이 지속되면 중이염으로 악화되는 경우도 있습니다. 이 질환은 겉으로는 발견이 어려우며 귀를 아파하는 듯한 몸짓이나 자세한 검사를 통해 알게 됩니다. 고막의 상처로 생긴 염증이 외이에서 안쪽까지 번지면 중이염이 되므로 먼저 외이염을 예방하는 것이 중요합니다. 중이염에 걸리면 즉시 병원 치료를 시작해야 합니다. 주인이 허둥대는 사이에 상태가 심해지는 경우가 많으니 주의하세요.

의사 선생님의 조언

귀지는 건강한 상태라도 이도의 표면에서 분비됩니다. 평소에 청결하게 유지하도록 합시다. 외이염으로 인해 귀가 부어오르면 극심한 통증을 동반하는 경우도 있습니다.

귀에 이상이 발견되면 조속히 수의사와 상담하고 끈기 있게 치료를 계속해 나갑시다.

한줄정보 장기간 치료를 해도 낫지 않을 때는 재검사를 해 보세요.

귀를 긁어요

털이 빠질 수도 있어요

고양이가 얼굴을 긁을 때는 얼굴에 타원을 그리듯이 긁습니다. 같은 동작이라도 귀를 빈번하게 긁는다면 귀에 질병이 있을지도 모릅니다.

원인이 뭐예요?

● 외이염 ● 귀개선증 등

증상의 특징은?

외이염이나 귀개선증 등의 질병으로 인해 귀가 가려워지기도 합니다. 심하게 긁어서 털이 적어지거나 빠지는 경우도 있으므로 평소에 고양이의 귀를 손질해 주세요.

어떻게 하면 나을까요?

외이염(56쪽 참조)에 걸리면 고양이가 머리를 흔들며 털거나, 귀에 가려움을 느끼고 뒷발로 긁거나, 귀 안쪽이 빨개지고 고름이 나오는 등의 증상이 나타납니다. 원인은 다양하며 원인에 따라 치료법과 약도 달라지므로 우선 병원에 데리고 가서 수의사의 진찰을 받도록 합시다. 또한, 외이염의 증상이 악화되면 내이염을 병발하는 경우도 있으므로 조기 치료가 중요합니다.

🐾 더 알아보기

새로운 고양이와 친해지는 방법 3

어릴 때가 좋아요

새로운 고양이를 들인다면 양쪽 고양이 모두 나이가 어린 편이 친해지기 쉽다고 합니다. 생후 2개월 정도라면 처음에는 다소 경계를 하더라도 금세 함께 놀기 시작할 것입니다.

고양이의 종류 15

자바니즈 장모

날씬한 몸에 깃털이 붙은 듯한 우아한 꼬리가 인상적입니다. 활발하고 사교적인 성격입니다.

탄생국 영국

귀개선증은 귓바퀴라고 불리는 겉으로 보이는 부분이나 그 주위에 진드기가 발생하여 피부염을 일으키는 질병입니다. 극심한 가려움으로 고양이가 항상 귀를 긁거나 머리를 흔드는 행동을 보입니다. 그 결과 귀 피부가 거칠어지고 털이 줄거나 빠지기도 합니다. 기생하는 진드기는 알에서 성충이 되기까지 약 3주 정도 걸립니다. 그중에는 약이 잘 듣지 않는 시기도 있어서 치료가 오래 걸릴 수도 있습니다. 끈기 있게 치료를 지속해 주세요. 귀 주위에 회갈색의 마른 귀지가 있거나 검은 귀지가 다량으로 나오면 귀개선증을 의심할 수 있습니다.

이러한 질병은 평소에 귀를 청결하게 손질하고 충분히 말려 주면 예방할 수 있습니다. 면봉이나 거즈 등으로 더러운 것을 제거하는 습관을 들입시다. 이때, 귀의 안쪽까지 무리하게 밀어 넣으면 귀에 상처를 입힐 위험이 있으므로 밖에서 보이는 범위 내에서 손질하는 것이 좋습니다.

의사 선생님의 조언

고양이의 귀는 매우 민감합니다. 사람에게는 들리지 않는 초음파까지 포착할 수 있으며, 귀 안에 있는 평형감각을 담당하는 삼반규관 덕분에 폭이 좁은 담이나 나뭇가지 위 등을 걷는 것도 가능합니다. 사람과 마찬가지로 중요한 기관이므로 병에 걸리지 않도록 신경쓰세요.

한줄정보 진드기는 사람에게도 옮을 수 있고 가려움이 심하니 조기에 치료를 해 주세요.

귀를 만지면 싫어해요

많이 아파한다면 질병이 있다는 증거예요

고양이는 원래 귀를 만지면 싫어합니다. 하지만 만졌을 때 아파하는 것 같거나 만지는 것을 극단적으로 거부한다면 질병이 있을 가능성이 있습니다.

원인이 뭐예요?

● 외이염 ● 중이염 ● 이개혈종 ● 귀개선증
● 이개편평상피암 등

증상의 특징은?

귀를 만지는 것을 극단적으로 싫어하며 아파서 울기도 합니다. 급성 외이염이나 중이염은 극심한 통증을 수반하여 귀에 손도 대지 못하게 하기도 합니다. 이개혈종은 귀를 만져 보면 이물질(혈액)이 차 있는 것이 느껴집니다.

어떻게 하면 나을까요?

급성 외이염이나 중이염(56쪽 참조)은 극심한 통증으로, 만지면 아파서 울부짖는 경우도 있습니다. 발열을 동반해서 기운 없이 축 늘어져 꼼짝도 안 하고 웅크리고만 있을 때도 있습니다. 서둘러 병원에 데려가서 원인을 찾아 치료를 시작해야 합니다.

고양이의 종류 16

오리엔탈 장모&단모

가늘고 긴 다리, 부드럽고 늘씬한 몸이 특징입니다.
사람을 잘 따르는 성격이 사랑스럽습니다.

| 탄생국 | 미국 |

이개혈종은 귀의 피부와 그 아래에 있는 연골 사이의 혈관이 잘려서 출혈을 일으킴으로써 이개(밖에서 보이는 부분, 귓바퀴)가 부풀어 오르는 병입니다. 피가 차 있어서 만져 보면 금방 알 수 있습니다. 내버려 두면 귀의 모양이 변형되어 외관에 변형을 가져오기 때문에 되도록 빨리 수술하여 변형을 최소화하는 것이 좋습니다. 이개혈종의 원인은 다양하며, 외이염 등으로 귀를 긁어 혈관이 파손되어 일어나기도 합니다. 평소에 귀 손질을 자주 해 주면 조기 발견, 조기 치료가 가능합니다.

귀개선증(58쪽 참조)으로 귀를 매우 아파하는 경우도 있습니다. 이 병이 의심된다면 먼저 수의사와 상담하고 병원에서 치료를 받도록 합시다.

이개편평상피암이 되면 환부가 빨개지고 비듬 등이 보이며 출혈이 일어나기도 합니다. 수술을 해야 하므로 이상을 확인하면 즉시 병원에 데리고 갑시다.

의사 선생님의 조언

귀질환에는 피부염이나 종양, 그 밖에도 여러 종류가 있습니다. 귀 안쪽은 더러움이 눈에 잘 띄지 않아 손질을 게을리하기 쉽습니다. 귀를 깨끗하게 하고 건조시키는 것은 병에 걸리지 않기 위한 예방책이므로 수시로 손질을 해 주세요.

야위었어요

원인은 먹이? 아니면 질병?

잘 먹는데도 점점 체중이 준다면 먹이 문제 외에도 다양한 질병을 생각해 볼 수 있습니다. 평소 생활 습관을 재점검해 봅시다.

원인이 뭐예요?

● 영양상의 문제　● 기생충증　● 당뇨병
● 고양이 에이즈 바이러스 감염증 등

증상의 특징은?

먹이의 양이 부족하거나 영양의 균형이 잡혀 있지 않은 먹이를 주면 먹어도 체중이 주는 경우가 있습니다. 또 여러 가지 질병으로 인해 식욕이 있어도 야위는 경우도 있습니다.

어떻게 하면 나을까요?

갑자기 체중이 줄거나, 잘 먹는데도 야위는 것은 영양상의 문제가 아니라면 기생충증인 경우가 많습니다. 고양이가 걸리기 쉬운 기생충증은 조충이나 회충, 콕시듐 등입니다.

조충이나 회충은 고양이의 변이나 쥐 등으로부터 감염됩니다. 병원에서 검사를 받고 혹시라도 감염되었다면 구충제로 구제할 수 있습니다. 정기적인 검변으로 예방합시다.

🐾 더 알아보기

새로운 고양이와 친해지게 하는 방법 4

어른 고양이와 새끼 고양이는?

새끼 고양이끼리인 경우에 비하면 시간이 걸릴 수도 있습니다. 때로는 새끼 고양이가 장난삼아 건드린 것에 어른 고양이가 위협을 하는 일도 있습니다. 이 경우 어른 고양이를 혼내지 말고 서서히 적응을 시키면서 양쪽 모두에게 쾌적한 환경을 조성해 주세요.

고양이의 종류 17

재패니즈밥테일 장모&단모

근육질인 몸과 짧고 동글동글한 꼬리가 인상적입니다. 활달하고 장난을 좋아하는 성격입니다.

탄생국 장모: 미국, 단모: 일본

콕시듐은 새끼 고양이에게 발병하는 사례가 많은 기생충입니다. 콕시듐증의 동물이나 변으로 감염됩니다. 구충제를 먹이고 조속한 치료를 하도록 합시다.

그 밖에도 당뇨병에 걸리면 탈수 증상이나 쇠약 상태, 때로는 황달 증상 등이 나타납니다. 인슐린 분비 이상이나 비만, 운동 부족 등이 원인이라고 알려졌으며, 중증이 되면 인슐린을 주사하지 않으면 살 수 없을 뿐만 아니라 각종 합병증을 일으켜서 죽음에 이르기도 합니다. 평소 건강관리에 유의하고 조기에 발견하는 것이 중요합니다.

고양이 에이즈 바이러스 감염증(32쪽 참조) 역시 식욕이 있는데도 야위어 가는 증상을 보입니다. 의심이 가는 고양이는 혈액 검사를 받아 봅시다. 이 병은 현재로서는 백신도 바이러스를 죽이는 약도 없습니다. 감염된 고양이는 격리를 시켜야 합니다. 다른 고양이에게 감염되지 않도록 주의하세요.

의사 선생님의 조언

평소에 주던 먹이를 갑자기 바꾸거나 편식을 하면 먹어도 체중이 주는 증상을 보이는 경우가 있습니다. 이럴 때는 전에 먹이던 먹이로 되돌리거나 영양의 균형을 생각하여 먹이를 주도록 합시다. 영양 상태에 문제가 있으면 병에 걸리기 쉬워지므로 평소에 충분히 주의를 기울이는 것이 중요합니다.

한줄정보 새끼 고양이의 배가 팽팽하게 불러 있다면 회충을 의심해 보세요.

살이 쪘어요

비만도 질병의 하나예요

포동포동한 고양이는 사랑스럽지만, 비만은 만병의 근원입니다. 비만이 되었다면 다이어트가 필요하며 이때는 주인이나 가족의 협력이 필요합니다.

원인이 뭐예요?

● 과식 ● 운동 부족 ● 당뇨병 등

증상의 특징은?

비만으로 관절염 등의 보행장애를 일으키거나, 심장질환 또는 호흡기질환, 당뇨병 등을 유발하는 경우도 있습니다. 늑골이 있는 흉부 위를 만져서 늑골이 손으로 느껴지지 않는다면 비만이라고 볼 수 있습니다.

어떻게 하면 나을까요?

비만을 확인했다면 먼저 수의사에게 진찰을 받고 감량할 목표 체중을 정합시다. 고양이는 감량 속도가 느리므로 1주일에 225g 정도씩 줄여 가는 것이 일반적입니다. 먹이의 횟수를 줄이는 것보다 하루에 먹일 양을 여러 번으로 나눠 주는 것이 효과적입니다. 한 번에 축적되는 에너지(칼로리)가 줄어들기 때문입니다. 먹이는 섬유질이

고양이의 종류 18

이그조틱쇼트헤어 단모

폭신한 털과 둥그스름한 몸매가 사랑스럽습니다.
온화하고 사람을 잘 따르는 성격입니다.

탄생국 | 미국

풍부한 채소를 주는 것도 좋습니다. 이는 변비 예방에도 도움이 됩니다.

병원에 따라서는 감량용 특별 처방식을 준비해 둔 곳도 있으므로 수의사와 상담하세요.

그리고 장난감으로 고양이와 놀아 주거나 산책을 데리고 나가는 등 운동량을 늘리는 것도 도움이 됩니다. 수의사와 상담하며 끈기를 가지고 지속하는 것이 중요합니다.

한편, 당뇨병은 인슐린 분비 이상이나 비만, 운동 부족 등이 원인으로 여겨지며, 물을 많이 마시거나 소변의 양이 늘거나, 잘 먹는데도 체중이 줄어드는 등의 증상이 나타납니다. 실내에서 기르는 고양이의 발생률이 높으므로 이 질병이 의심된다면 즉시 검사를 받으세요. 중증이 되면 인슐린 주사를 계속 맞아야만 하고 각종 합병증을 일으켜 사망할 위험도 높아집니다.

비만으로 고양이가 고통받는 일이 없도록 평소 고양이의 건강관리에 신경을 써 주세요.

의사 선생님의 조언

다이어트는 그저 살을 빼는 것이 아니라 식사 습관이나 생활 습관을 바람직하게 바꿔 가는 일입니다. 따라서 단순히 먹이의 양을 줄여서 체중을 감량하는 것보다는 고양이의 건강까지 고려한 식생활의 재점검이 필요합니다.

한줄정보 고양이와 함께 주인도 식습관이나 생활 습관을 재점검해 보세요.

털에 윤기가 없어요

그루밍으로 건강 상태도 알 수 있어요

고양이는 깨끗한 것을 좋아하는 동물입니다. 틈만 나면 털을 가다듬습니다. 털에 윤기가 없다면 무언가 질병이 있다는 증거입니다.

원인이 뭐예요?

● 위장염 ● 기생충증 ● 피부염
● 그루밍을 하지 않는다 등

증상의 특징은?

병에 걸리면 털에 윤기가 없어집니다. 또 고양이가 그루밍을 게을리했을 때도 같은 증상이 나타납니다. 털의 상태와 고양이의 행동을 유심히 관찰하고 평소의 생활 습관을 재점검하면서 원인을 찾아봅시다.

어떻게 하면 나을까요?

주인이 목욕이나 빗질, 발톱 손질 등의 그루밍을 해 주지 않으면 털에 윤기가 없어집니다.

그루밍은 고양이의 몸을 청결하게 유지하는 것뿐만 아니라 목욕이나 빗질을 함으로써 피부를 자극하여 피부질환이나 벼룩 등의 기생충에 의한 감염증을 예방하는 효과도 있습니다.

더 알아보기

새로운 고양이와 친해지는 법 5

다 큰 고양이끼리는 어떡하죠?

다 큰 고양이끼리는 서로 익숙해지려면 상당한 시간이 걸리므로 가능한 한 삼가는 편이 좋습니다. 하지만 어쩔 수 없는 상황이라면 양쪽 고양이의 상태를 잘 살피면서 조금씩 서서히 적응시켜 가야 합니다.

고양이의 종류 19

브리티시쇼트헤어 단모

동글동글한 얼굴과 땅딸막한 몸이 특징으로 독립심이 강하며 차분한 성격입니다.

탄생국 영국

또, 몸 상태를 확인할 수 있어서 질병 예방으로도 이어집니다. 즉 그루밍은 고양이의 건강 관리와 밀접한 관계가 있습니다.

그루밍은 고양이와 스킨십을 할 기회이기도 합니다. 그러므로 정기적으로 그루밍을 해 주도록 합시다. 몸 상태가 나빠지면 고양이는 자신의 몸을 할짝할짝 핥는 그루밍을 하지 않게 됩니다.

병으로 인해 털에 윤기가 사라지는 경우도 있습니다. 위장염이나 기생충증(62쪽 참조)에 걸리면 토하거나 설사를 하게 되어 탈수 증상이 일어나고 털의 윤기가 없어지기도 합니다. 병을 치료하면 증상도 호전됩니다.

피부질환에 걸리면 초기 증상으로 털의 윤기가 없어지게 됩니다. 시간이 지나면 털이 빠지거나 비듬이나 딱지가 보이는 등의 증상이 나타나고 그제야 병을 발견하는 경우가 자주 있습니다.

그루밍은 질병의 조기 발견으로 이어지므로 수시로 해 주는 것이 좋습니다.

의사 선생님의 조언

고양이의 쾌적한 생활을 위해서는 그루밍이 꼭 필요합니다. 하지만 몸을 만지는 것을 싫어하는 고양이도 있습니다. 이럴 때는 고양이가 잠들어 있을 때 살며시 쓰다듬어 주거나, 고양이와 함께 노는 시간을 늘려 가며 조금씩 적응을 시켜 그루밍을 하는 습관을 들여 주세요.

한줄정보 환절기는 털갈이하는 시기이므로 수시로 그루밍을 해 주세요!

비듬이 있어요

사람에게 감염될 수도 있어요

비듬은 피부에 염증을 일으킨 피부질환에서 흔히 나타납니다. 그중에는 사람에게 전염되는 것도 있으므로 조심해야 합니다.

원인이 뭐예요?

- 귀개선증 ● 피부감염증
- 벼룩이나 진드기에 의한 피부염, 알레르기성 피부염 등

증상의 특징은?

벼룩이나 진드기 등의 기생충으로 인한 피부염이나 알레르기성 피부염 등 비듬의 원인은 대부분 피부감염증으로 빨리 치료를 시작하는 것이 좋습니다. 너무 가려우면 고양이가 자기 몸을 물어 2차 세균감염을 일으키는 경우도 있으므로 주의해야 합니다.

어떻게 하면 나을까요?

피부염은 생기는 원인도 치료 방법도 다양합니다. 피부염이 의심된다면 수의사와 상담하여 적절한 치료를 해 주세요. 고양이의 몸을 항상 청결히 유지하는 것이 예방 포인트입니다.

귀개선증(58쪽 참조)은 귓바퀴나 그 주변에 기생하는 귀개선충에 의한 피부염입니다. 비듬이 굳은 듯한 딱지를 볼 수 있습니다. 다른

고양이의 종류 20

맹크스 단모

꼬리가 없거나, 있어도 매우 짧으며 깡충깡충 뛰는 듯한 걸음걸이가 특징입니다. 전체적으로 둥그스름하고, 온순하며 차분한 성격입니다.

| 탄생국 | 영국 |

고양이에게 감염되기 쉬우므로 고양이를 여러 마리 기르는 경우에는 모두 검사를 받고 치료해야만 합니다. 완치되는 데 시간이 오래 걸리는 경우도 있으므로 끈기를 가지고 치료를 계속해 나갑시다.

벼룩은 조충을 매개합니다. 그리고 조충은 고양이가 좋아하는 쥐에 기생하며 그 쥐에 의해 고양이에 기생하게 되는 것입니다. 조충에는 고양이조충, 만손열두조충 등 종류가 매우 다양하며 고양이에게 기생하면 소화불량, 구토, 설사 등의 증상이 나타납니다. 또, 사람에게도 감염될 수 있으므로 반드시 구제를 해야 합니다.

진드기의 일종인 털응애는 새끼 고양이에게 피부염을 일으킵니다. 고양이의 몸 위쪽 표면에 작은 비듬같이 보이며 이 진드기가 기생하고 있는 고양이를 안으면 사람에게 전염되기도 합니다(223쪽 참조).

그 밖에 알레르기성 피부염(71쪽 참조)의 가능성도 있습니다. 수의사와 상담하여 끈기 있게 치료합시다.

의사 선생님의 조언

평소 그루밍을 해 주면 피부염을 예방하고 조기에 발견을 할 수 있습니다. 고양이의 건강관리와 쾌적한 생활환경의 책임은 주인에게 있으니 충분히 신경 써 주세요.

또한 피부염은 사람에게 전염되는 경우도 많으니 항상 고양이를 청결하게 해 주는 것이 중요합니다.

한줄정보 고양이를 기르기 시작한 뒤 주인에게 피부염이 생겼다면 진드기를 의심해 보세요.

털이 빠져요

조기 치료가 중요해요

대부분 가려움 때문에 몸을 긁으면서 털이 빠지게 되는 경우가 많다고 합니다. 평소 자주 고양이의 몸을 살펴봐 주세요.

 ## 원인이 뭐예요?

- 세균이나 진균에 의한 감염증 ● 기생충에 의한 피부염
- 습진 ● 알레르기성 피부염 등

 ## 증상의 특징은?

세균이나, 곰팡이의 한 종류인 진균에 의한 감염증 외에도 모낭충 등의 기생충으로 인한 피부염, 습진, 접촉성 피부염이나 계절적인 피부염 등의 알레르기성 피부염 등으로 가려움증을 동반한 탈모가 생기기도 합니다.

 ## 어떻게 하면 나을까요?

피부염을 일으키는 세균이나 진균에 감염되면 가려움을 동반한 탈모를 보입니다. 그중에는 드물지만 사람에게 전염되는 것도 있습니다. 세균이나 진균은 습도가 높으면 발생하기 때문에 여름철에는 특히 고양이의 위생 관리에 신경 써야 합니다.

🐾 더 알아보기

새로운 고양이와 친해지는법 6

주인으로서 주의해야 할 점

새로운 고양이에게 정신을 빼앗겨서 기존의 고양이를 신경 써 주지 못하는 일이 많다고 합니다. 예전과 같이 놀아 주거나 그루밍을 해 주는 등 특별한 시간을 만들어 줍시다.

아메리칸쇼트헤어 단모

동그란 얼굴에 큰 몸집이 특징입니다.
겁이 없으며 명랑하고 독립심이 강한 성격입니다.

| 탄생국 | 미국 |

세균이나 진균의 종류에 따라 치료 방법이 달라지므로 빨리 병원에 가서 수의사의 진단을 받아야 합니다.

모낭충은 작은 진드기의 일종입니다. 초기에는 많이 가려워하지 않으며 약간의 탈모가 보이는 정도지만, 악화되면 피부질환이 전신으로 퍼져 치료가 어려워집니다. 고양이 얼굴 주위에 여드름 같은 피부염이 보인다면 이 병을 의심해 보고 검사를 받아 봅시다.

접촉성 피부염은 카펫이나 해충방지목걸이에 접촉해서 발병하는 피부염입니다. 증상이 악화되면 수의사와 상담하여 해충방지목걸이를 제거하는 등 대책이 필요합니다.

계절성 알레르기성 피부염은 고온다습한 시기에 심한 가려움으로 털이 빠지는 경우가 있습니다. 원인을 찾아서 제거하면 낫습니다. 최근에는 알레르겐 검사로 알레르기의 원인을 판명할 수 있게 되었습니다. 검사를 받아 봅시다.

피부질환은 다양한 원인을 예상해 볼 수 있습니다. 가려움을 동반하므로 고양이가 가려움을 가라앉히기 위해 자신의 몸을 물다가 상처를 입혀서 증상을 악화시키는 경우도 있습니다.

고양이가 몸을 가려워할 때는 그루밍 등으로 원인을 찾고 되도록 빨리 치료를 시작해 주세요.

 감염증에는 어떤 약이 효과적인지 항생제 감수성검사로 알 수 있어요.

배에서 꾸륵꾸륵 소리가 나요

설사를 하지는 않나요?

평소보다 기운이 없고 배에서 꾸륵꾸륵 소리가 나고 설사를 한다면 무언가 병이 있다는 신호입니다.

원인이 뭐예요?

● 과식이나 소화불량 ● 고양이 바이러스 감염증 ● 기생충증 등

증상의 특징은?

배에서 꾸륵꾸륵 소리가 나는 것은 장의 연동 운동이 활발해져서 영양분을 흡수하기 전에 항문으로 배출하는 것이 원인입니다. 따라서 설사를 하는 일이 많으며 하복부 통증으로 식욕이나 기운이 없어지기도 합니다.

어떻게 하면 나을까요?

과식이나 소화불량 등이 원인인 경우도 있습니다. 이럴 때는 먹이의 양을 조절하거나 소화가 잘되는 것을 주면 됩니다. 만약 먹이를 바꾼 뒤로 소화 상태가 안 좋아졌다면 이전의 먹이로 되돌리는 것이 좋습니다.

고양이 범백혈구 감소증 등의 고양이 바이러스 감염증으로 배에서 꾸륵꾸륵 소리가 나는 경우도 있습니다. 고양이 바이러스 감염증

고양이의 종류 22

아메리칸와이어헤어

곱슬곱슬하며 탄력 있는 거칠고 굵은 털이 특징으로, 둥글게 말린 수염이 특히 사랑받고 있습니다. 의젓한 성격입니다.

탄생국　미국

중에는 백신으로 예방 가능한 것도 있으므로(24쪽 참조) 잊지 말고 예방접종을 하도록 합시다.

회충이나 조충(62족 참조) 등의 기생충에 의한 것도 있습니다. 기생충증은 고양이의 변이나 쥐 등을 통해 감염됩니다. 병원에서 검사를 받고 만약 감염되어 있다면 구충제로 구제할 수 있으며 평소에 정기적인 검변 등을 통해 예방하도록 합시다.

콕시듐 같은 원충의 감염도 의심됩니다. 새끼 고양이가 잘 감염되는 기생충으로 콕시듐증의 동물이나 변으로부터 감염됩니다. 즉시 병원에서 구충제를 먹이는 등 치료가 필요합니다.

그 밖에 스트레스로 인해 신경성으로 설사를 하는 경우도 있습니다. 생활환경을 갑자기 바꾸는 것도 고양이에게는 스트레스입니다. 이전과 같이 되돌리거나 생활공간을 재점검하는 등 개선책을 생각해 봅시다.

의사 선생님의 조언

배에서 꾸룩꾸룩 소리가 나면 설사를 할 가능성이 있습니다. 82쪽의 '설사를 해요' 항목도 함께 참고하시길 바랍니다. 또한 내장질환이나 중독 등도 생각해 볼 수 있습니다.

만약 고양이에게 복통이 있다면 몹시 괴로울 것입니다. 가능한 한 빨리 원인을 찾아내어 바로 치료를 해 주세요.

한줄정보　이물을 먹고 배탈이 난 것일 수도 있어요.

피부에 탄력이 없어요

원인을 생각해 보세요!

손가락으로 피부를 가볍게 잡아당겼다 놨는데 원래대로 잘 돌아가지 않는 경우가 있습니다. 다양한 원인이 있으며 먼저 원인이 되는 질병을 찾아 치료해야 합니다.

 ## 원인이 뭐예요?

- 고양이 바이러스 감염증 ● 피부무력증 ● 위장염 ● 신장질환
- 췌장염 ● 구토나 설사로 인한 탈수 등

 ## 증상의 특징은?

고양이 바이러스성 비기관지염 등의 고양이 바이러스 감염증을 비롯하여 위장이나 신장질환, 간혹 피부의 탄력성이 없어지는 피부무력증이 원인일 수도 있습니다. 이러한 질병에 걸리면 구토나 설사를 하고 탈수 증상을 일으켜서 피부에 탄력이 없어집니다.

 ## 어떻게 하면 나을까요?

고양이 바이러스 감염증은 백신으로 예방할 수 있는 것도 있으니 예방접종을 잊지 말고 합시다(24쪽 참조). 만에 하나 감염이 의심된다면 최대한 빨리 수의사와 상담합시다.

피부무력증은 유전인 경우가 많습니다. 피부에 탄력이 없어지고 피부를 잡아당겨도 원래대로 돌아가지 않습니다. 때로는 피부가 찢

🐾 더 알아보기

새로운 동물과 친해지는 방법 1

개와 함께 살기 1

어릴 때부터 같이 기르면 개와 고양이는 좋은 친구가 될 수 있습니다. 다 큰 경우에도 어렸을 때 개와 고양이가 서로 접할 기회가 있었다면 비교적 좋은 관계를 이룰 수 있다고 합니다.

고양이의 종류 23

러시안블루 단모

에메랄드그린 눈동자와 광택 있는 털이 특징으로 경계심이 많으며 환경의 변화에 민감합니다.

탄생국　러시아

어지기도 합니다. 완치는 불가능하지만 수의사와 상담하여 증상을 개선할 수 있습니다.

위장염(34쪽 참조)에 걸려 증상이 악화되면 구토나 설사로 인해 탈수 증상이 일어나고 피부가 원래대로 돌아가지 않는 경우도 있습니다. 병원에 데리고 가서 치료를 해 주세요.

신부전을 비롯한 신장질환은 나이가 많은 고양이에게 자주 나타나는 질병입니다. 초기에는 물을 많이 마시고 더 진행되면 식욕부진, 탈수 증상이 나타나며 피부의 탄력이 없어집니다. 명확한 원인은 알 수 없지만 식이요법 등으로 치료할 수 있으므로 수의사와 상담해 봅시다.

질병으로 인한 경우 먼저 원인인 질병을 치료하고 조금씩 물을 주면서 탈수 증상을 회복시키면 피부가 원상태로 돌아갑니다. 끈기를 가지고 치료해 주세요.

의사 선생님의 조언

피부의 탄력이 없어지는 것은 탈수 증상을 일으키는 질병이 원인인 경우가 많습니다. 수의사와 상담하여 원인이 되는 질병을 찾아내도록 합시다. 탈수 상태를 회복시키기까지 시간이 걸리지만 조금씩 물을 주면 차도를 보일 것입니다.

 자궁축농증도 구토나 설사 등으로 탈수 증상을 일으키는 경우가 있어요.

배를 만지면 싫어해요

먹이가 원인일 수도 있어요

고양이를 안으려 하거나 배 부근을 쓰다듬는데 고양이가 비명에 가까운 울음소리를 내며 싫어한다면 배에 이상이 있는 것입니다.

 ## 원인이 뭐예요?

● 황색지방증 ● 편식 ● 변비 ● 방광염
● 하부요로기계증후군(FUS) 등

 ## 증상의 특징은?

편식으로 인한 식생활의 불균형으로 불포화지방산이 많이 포함된 먹이만 먹어서 배에 이상이 생긴 것일 수 있습니다. 혹은, 방광염 등의 비뇨기질환으로 인해 아파서 안거나 배 부근을 쓰다듬을 때 우는 소리를 내는 것일 수도 있습니다.

 ## 어떻게 하면 나을까요?

황색지방증은 먹이 안에 포함된 지방 중에서도 불포화지방산이 다량 함유된 식품을 너무 많이 먹어서 발생하는 질병입니다. 불포화지방산이 많이 포함된 대표적인 식품으로는 고양이가 좋아하는 전갱이가 있습니다. 황색지방증에 걸리면 복부에 응어리가 생기고 만지면 매우 아파합니다. 가다랑어, 방어, 참치, 열빙어 등에 많이 포함된 비타민E는 황색지방증 치료에 효과가 있습니다. 식이요법으로

치료할 때는 자칫 과잉증상을 일으킬 수도 있으므로 수의사와 상담해서 비타민E가 많이 포함된 다른 먹이로 교체를 해 가며 먹입시다.

방광염이나 하부요로기계증후군(FUS)으로 인해 소변에 이상이 나타나고 복통이 생기는 경우가 있습니다. 방광염은 고양이에게 매우 흔한 질병으로 세균감염으로 발생합니다. 하부요로기계증후군은 다양한 요인이 겹쳐서 요로에 결정이나 결석을 일으키는 질병입니다. 방광염과 하부요로기계증후군 모두 요로가 차단되어 방광이 가득 찰 수 있습니다. 내버려 두면 식욕부진, 구토, 복통 등이 생기고 요독증에 걸려 사망할 수도 있습니다. 성기를 청결하게 유지해 주고 깨끗한 물을 항상 먹을 수 있게 준비해 주며 영양 균형을 고려하여 먹이를 주는 등의 평소 생활 습관이 예방으로 이어집니다.

마찬가지로 편식이나 변비가 생기는 것도 평소 건강관리의 문제입니다. 적절한 양의 먹이를 영양 균형을 고려해서 주고 적절한 운동을 시키면 충분히 예방할 수 있습니다.

의사 선생님의 조언

옛날 고양이용 먹이가 별로 없었던 시절에는 전갱이만 먹여서 황색지방증에 걸린 소위 전갱이 고양이를 자주 볼 수 있었습니다. 고양이에게 먹이로 전갱이만 줘서는 절대 안 됩니다.

또한, 오징어를 먹이면 자가중독을 일으켜 일어나지 못하게 되거나 목숨을 잃을 수도 있으므로 먹여서는 안 됩니다.

한줄정보 균형 잡힌 식생활과 대소변 상태를 항상 꼼꼼히 살펴 보는 것이 중요해요.

웅크린 채 움직이지 않아요

기온이 급격히 변하지는 않았나요?

갑자기 고양이가 몸을 둥글게 웅크린 채 꼼짝하지 않는다면 몸 상태가 안 좋다는 신호일지도 모릅니다. 상태를 지켜보고 병원에 데리고 가세요.

원인이 뭐예요?

- 위장염 ● 고양이 바이러스 감염증 ● 기생충증
- 하부요로기계증후군 ● 기온 저하 등

증상의 특징은?

몸을 둥글게 웅크린 채 가만히 움직이지 않습니다. 위장염이나 폐렴, 하부요로기계증후군(FUS) 등 질병 외에도 체온이나 기온이 급격하게 내려가서 이러한 자세를 취하는 경우도 있습니다.

어떻게 하면 나을까요?

질병으로 인해 웅크린 채 움직이지 않게 되었다면 먼저 원인이 되는 질병을 치료해야 합니다.

위장염에 걸려서 복부에 통증을 느끼면 웅크리고 괴로워하는 경우가 있습니다. 원인은 고양이 바이러스 감염증이나 기생충 등이며 설사를 하게 됩니다.

혀나 구내에 궤양이 생기는 고양이 칼리시 바이러스 감염증, 백혈

🐾 더 알아보기

새로운 동물과 친해지는 방법 2

개와 함께 살기 2

앞으로 함께 기르려고 하는 개와 고양이가 어릴 적에 다른 개나 고양이를 접한 경험이 없다면 문제가 발생할 가능성을 각오하는 것이 좋습니다. 이런 경우에는 서로의 존재에는 익숙해지더라도 친해지는 것은 어렵다고 합니다.

고양이의 종류 25

아시안그룹 장모&단모

셰이드, 스모크, 셀프, 태비, 티퍼니 등 다양한 종류가 있습니다. 애교 있는 성격이 특징입니다.

탄생국　티퍼니종: 영국

구가 극단적으로 감소하는 고양이 범백혈구 감소증 등의 고양이 바이러스 감염증에 걸렸다면 병원 치료가 필요합니다. 고양이 바이러스 감염증 중에는 백신으로 예방할 수 있는 것도 있으므로(24쪽 참조) 예방접종을 받도록 합시다.

체내에 회충이나 조충 등이 기생해서 이런 증상을 보이는 경우도 있습니다. 심한 구토를 하거나 설사를 하고 탈수 증상을 보이기도 합니다. 수의사와 상담하고 구충을 하면 질병을 치료할 수 있습니다. 평소 고양이의 상태를 관찰하고 정기적으로 검변을 받으면 예방할 수 있습니다.

하부요로기계증후군에 걸리면 소변에 이상이 보이는 것 외에도 복부에 통증이 발생합니다. 수의사와 상담하고 조속히 치료를 시작해 주세요. 항상 신선한 물을 주고 화장실을 청결하게 유지하면 예방할 수 있습니다.

한편, 고양이가 건강하더라도 너무 추운 환경에 놓이게 되면 몸을 둥글게 웅크립니다. 이런 환경에 놓이지 않게 하는 것이 중요합니다. 적절한 처치를 해 줍시다.

의사 선생님의 조언

평소 몸이 약한 고양이가 갑자기 몸 상태가 악화되거나 병에 걸려서 갑자기 체온이 저하된 경우에도 같은 증상을 보입니다. 이런 경우에는 고양이가 어떤 질병에 걸려 상태가 위중하게 된 경우가 많으므로 즉시 병원에 데려가세요.

한줄정보 고양이는 추위에 약한 동물입니다. 실내 온도 조절에 신경 써 주세요.

걸음걸이가 이상해요

다쳤을 가능성도 있어요

걸음걸이가 이상해 보일 때는 발이나 관절에 이상이 있는 경우가 많습니다. 고양이의 몸을 쓰다듬으면서 원인을 찾아봅시다.

원인이 뭐예요?

●교통사고 등에 의한 외상이나 골절 ●발톱의 상처 ●관절염 등

증상의 특징은?

한쪽 다리를 바닥에 닿지 않게 걷는 등 평소와 걸음걸이가 다르다면, 다리에 상처나 골절이 있는 것일 수도 있습니다. 혹은 발톱에 상처가 있거나, 관절이나 근육에 이상이 있을 가능성도 있습니다.

어떻게 하면 나을까요?

이물을 밟거나 발바닥에 염증이 생겨서 걸음걸이가 평소와 달라졌을 수도 있습니다. 상처의 정도에 따라 봉합이 필요할 수도 있으므로 즉시 병원에 데려갑시다.

고양이를 옮길 때 *세탁망에 고양이를 넣어 데려갑시다. 동요하는 고양이를 진정시키는 데 도움이 되며 병원에서 수의사의 치료를 받을 때도 순조롭게 진행됩니다.

고양이의 종류 26

아메리칸버미즈 장모&단모

사람을 잘 따르며 느긋한 성격입니다. 동그란 얼굴에 눈 사이가 멀고 금빛 눈동자를 가졌습니다.

| 탄생국 | 미국 |

다리가 대롱대롱 흔들리거나 부어오르는 증상은 골절인 경우가 많습니다. 밖을 나다니는 고양이는 주인이 못 본 사이 교통사고를 당했을지도 모릅니다. 골절된 부분에 수건을 감는 등 적당한 조치를 취해서 조심스럽게 세탁망에 고양이를 넣어서 즉시 병원에 데려갑시다.

발톱을 너무 짧게 자르거나 발톱을 다친 것이 원인일 수도 있습니다. 실내에서 기르는 고양이는 발톱이 너무 자라면 발톱이 뒤집어져서 발바닥을 파고드는 경우가 있습니다. 발톱에서 나는 출혈은 빨리 멈추지 않으므로 지혈제를 사용하여 지혈시키고 소독한 후 붕대를 감아 주도록 합시다.

이 밖에 특별한 원인이 없는데 걸음걸이가 이상하다면 관절염일 가능성이 있습니다. 어느 다리를 어떻게 하면 아파하는지 관찰하고 병원에 데려갑시다.

＊세탁망 － 세탁망에 넣으면 발톱이 망에 걸려서 할퀼 염려가 없다. 또한, 고양이는 몸이 유연해서 보정이 어려운데 세탁망에 넣으면 쉽게 보정할 수 있다.

의사 선생님의 조언

새끼 고양이는 칼슘이나 인, 비타민D 등 뼈의 형성에 필요한 영양분이 부족하면 잘 걷지 못하게 될 수도 있습니다. 수의사와 상담하여 식생활을 개선하고 영양의 균형을 생각한 먹이를 주면서 끈기 있게 치료해 갑시다.

한줄정보 발톱에서 피가 날 때에는 지혈제가 있으면 유용하니 구비해 두세요.

설사를 했어요

변 상태를 반드시 확인하세요

설사는 흔한 증상이지만 그 원인은 매우 다양합니다. 평소 생활과 음식에 변화가 없었는지 되돌아보세요.

 ## 원인이 뭐예요?

● 급성·만성 위장염 ● 고양이 바이러스 감염증 ● 소화불량
● 췌장염 ● 기생충증 등

 ## 증상의 특징은?

위장염으로 인한 설사는 물 같은 변이나 악취가 나는 진흙 같은 변을 보며 때로는 피가 섞여 있기도 합니다. 또한, 췌장염으로 인한 설사는 노란빛이나 회백색의 악취가 나는 변을 보기도 합니다.

 ## 어떻게 하면 나을까요?

위장염은 고양이 바이러스 감염증 외에도 간혹 이물을 먹어서 생기는 경우도 있습니다. 이 경우 장의 점막에 상처를 입어 설사를 하게 됩니다.

고양이 바이러스 감염증 중에는 백신으로 예방할 수 있는 것도 있으므로(24쪽 참조) 예방접종을 합시다.

🐾 더 알아보기

새로운 동물과 친해지는 방법 3

작은 동물과 함께 살기 1

햄스터나 작은 새 같은 동물은 고양이가 사냥하는 대상이 됩니다. 따라서 이러한 작은 동물을 함께 기르려면 고양이가 어릴 때부터 시작하는 것이 좋습니다. 종종 해칠 수도 있기 때문입니다.

고양이의 종류 27

유러피안버미즈 장모&단모

털의 색이 다양하며 아메리칸버미즈보다 동양적입니다. 활달하고 사람을 잘 따르며 느긋한 성격입니다.

탄생국 유럽

또한, 드물지만 고양이가 실수로 이물을 삼켜서 위장에 상처를 입는 경우도 있습니다. 고양이가 장난치며 가지고 노는 생활용품이나 파편, 뼛조각과 같은 이물을 고양이가 있는 곳에 두지 않는 등 평소에 주의를 기울여야 합니다.

만성 췌장염 혹은 췌장이나 간에 발생한 암도 원인일 수 있습니다. 구토나 설사, 식욕부진 등 각종 증상이 나타나므로 즉시 병원에 데리고 가세요.

과식이나 소화불량도 같은 증상이 나타납니다. 소장에 음식물이 늘어나면 소화가 충분히 되지 않아 배설하기 위해 수분이 많이 필요해지기 때문입니다. 식습관을 되돌아보고 수의사와 상담하여 먹이를 바꾸는 등 설사를 하지 않도록 충분히 신경 써 줍시다.

콕시듐증이나 람블편모충증 등의 기생충증으로 인해 변에 피가 섞여 나오는 경우도 있습니다. 구충제를 처방받고, 정기적인 검변으로 예방해 줍시다.

의사 선생님의 조언

수의사와 상담할 때에는 증상을 구체적으로 전달해 주세요. 설사 전에 어떤 먹이를 먹었는지, 식욕이나 몸 상태에 변화가 있었는지, 무른 변인지, 피가 섞인 변인지, 검은 점성의 변인지, 설사의 횟수와 변의 색은 어떠한지 등 최대한 자세하게 설명하세요.

한줄정보 밖에서 변을 보는 고양이는 항문 주위가 더럽지 않은지 수시로 확인해 주세요!

28

변이 붉어요

장이나 항문에 문제가 있을지도 몰라요

변에 점액이나 피가 섞여 있다면 장이나 항문에 문제가 있을지도 모릅니다. 원인이 무엇이든 조기에 치료를 시작하는 것이 좋습니다.

 ## 원인이 뭐예요?

- 식중독 ● 고양이 바이러스 감염증 ● 위장염 ● 항문낭염
- 기생충증 ● 중독 ● 종양 등

 ## 증상의 특징은?

질병으로 장의 점막에 상처가 나서 점액이나 피가 섞인 변을 쌉니다. 해당 질병을 치료하면 증상이 호전되며 응급한 상황인 경우가 많으므로 즉시 수의사와 상담하세요.

 ## 어떻게 하면 나을까요?

식중독이나 고양이 바이러스 감염증에 걸리면 장의 점막에 상처가 나서 혈변을 보는 경우가 있습니다. 또한, 장 속을 무언가가 막고 있는 것일 수도 있습니다. 고양이 바이러스 감염증은 백신으로 예방 가능한 것도 있으며(24쪽 참조), 식중독은 무엇을 먹었는지에 따라 목숨을 잃을 수도 있으므로 즉시 병원에 데리고 가야 합니다.

고양이의 종류 28

통키니즈 단모

샴과 버미즈의 교배종으로 활발하고 호기심이 왕성합니다. 영리하고 온순하며, 아름다운 눈이 인상적입니다.

탄생국 캐나다

장에 생긴 염증이 항문낭염(94쪽 참조)을 발병시키는 경우도 있습니다. 항문낭이란 항문에 있는 분비물을 배출하는 기관으로, 그곳에 염증이 생긴 것을 항문낭염이라고 합니다. 약으로 치료할 수 있으므로 즉시 수의사와 상담하세요.

콕시듐이나 람블편모충의 원충 등이 장내에 기생하는 것도 혈변의 원인 중 하나입니다. 병원에서 검변을 받고 구충제를 투여하면 기생충을 박멸할 수 있습니다.

살서제(쥐약)에는 워퍼린이라고 하는 약물이 포함되어 있습니다. 실수로 살서제를 먹거나, 살서제를 먹은 쥐를 잡아먹고 위장에 염증을 일으키는 경우도 있습니다. 평소 약물 보관에 충분한 주의를 기울이면 이러한 사고를 예방할 수 있습니다.

그 밖에도 장에 종양이 생기면 종양이나 그 주변에서 출혈이 생겨 혈변을 보거나 점막이 섞여 나오는 경우도 있습니다.

의사 선생님의 조언

변에 피나 점막이 섞여 나오는 증상은 심각한 질병이 원인인 경우가 많습니다. 서둘러 병원에 데려가세요. 만약 병원에 데려가기 전에 사용한 약이 있다면 수의사에게 어떤 약을 어떻게 사용했는지 정확하게 전달해야 합니다.

한줄정보 콕시듐증에 걸렸다면 화장실을 소독하는 것이 좋아요.

변을 못 봐요

변비로 고생하는 고양이도 많아요

변비는 여러 가지 원인으로 일어나며, 대부분 변비는 관장을 하거나 먹이를 바꾸면 증상이 해소됩니다. 하지만 가끔 심각한 질병에 의한 변비도 있어서 주의해야 합니다.

원인이 뭐예요?

●변비 ●거대결장증 ●대장 장애 ●항문질환 ●모구증 등

증상의 특징은?

변을 보는 자세를 취하고 힘을 줘도 좀처럼 변을 보지 못합니다. 아주 조금 나온 변에 피나 점막이 섞여 있거나 설사 같은 변을 누는 경우도 있습니다. 기운이 없어지고 식욕부진이나 구토 등의 증상도 나타납니다.

어떻게 하면 나을까요?

섬유질이 적고 소화가 잘되는 먹이만 급여하면 변비를 일으키기 쉬워집니다. 변을 부드럽게 하는 약(완하제)을 주거나 먹이에 식물섬유나 버터 등 변의 통과를 도와주는 음식을 섞어 주면 증상이 개선되는 경우도 있습니다. 만약 중증이라면 관장을 하기도 합니다.

거대결장증은 직장이나 결장의 종양이나 이물 등으로 인해 일어

🐾 더 알아보기

새로운 동물과 친해지는 방법 4

작은 동물과 함께 살기 2

햄스터나 페럿 등 작은 애완동물과 함께 기르려고 하는 고양이가 성묘여도 어릴 때 이런 작은 동물을 접한 경험이 있다면 사이좋게 지낼 수 있을지도 모릅니다. 하지만 고양이가 흥미를 느끼고 작은 동물을 노리는 경우도 있으므로 각별히 주의해야 합니다.

더 알아보기

고양이의 종류 29

샴 단모

호리호리한 몸매와 사파이어 블루의 눈동자를 지녔습니다. 얼굴 중앙, 귀, 앞다리, 꼬리 색이 진한 것이 특징입니다. 사람을 좋아하는 어리광쟁이입니다.

탄생국 태국

납니다. 결장에 변이 굳어져서 5cm 이상의 거대결장증이 되는 일도 있습니다. 완하제나 관장과 같은 치료 외에도 먹이 개선 등으로 증상이 호전되는 경우도 있으며, 때로는 외과 수술이 필요한 경우도 있습니다.

이 밖에 항문낭염(94쪽 참조)이나 전립선비대증 등 항문 주위의 질병이 원인인 경우도 있습니다. 변을 보는 자세를 취하고 힘을 줘도 변을 보지 못하며, 장내에서 수분이 흡수되거나 통과장애를 일으켜 변이 딱딱해집니다. 먼저 원인이 되고 있는 병을 치료하고 적절한 먹이를 주면서 변비를 해소해 갑시다.

한편, 스스로 털을 핥아 그루밍을 하는 고양이는 소화관 안에 털이 뭉쳐서 생긴 모구가 원인일 수도 있습니다. 체내로 들어온 모구를 녹이는 먹이도 있으므로 정기적으로 먹이면 예방할 수 있습니다.

의사 선생님의 조언

화장실이 더러우면 고양이는 변을 보려고 하지 않습니다. 자주 청소를 하여 화장실을 항상 청결하게 유지해 줍시다. 또 운동 부족이 원인인 경우도 있습니다. 실내에서 기르는 고양이에게 자주 나타나므로 가능한 한 시간을 내서 고양이와 함께 놀아 줍시다.

한줄정보 대변을 못 보는 것인지, 소변을 못 보는 것인지 확인한 뒤 병원에 데려가세요.

소변 색이 붉어요

사고나 부상도 원인의 하나예요

붉은색의 소변은 하부요로기계증후군으로 인한 혈뇨 외에도, 파 중독이 원인인 혈색소뇨, 간염 등이 원인인 빌리루빈뇨 등이 있습니다.

원인이 뭐예요?

●신장질환 ●방광염 ●요도염 ●하부요로기계증후군
●종양 ●중독 ●외상 등

증상의 특징은?

혈뇨는 신장이나 방광, 요로의 출혈로 소변에 피가 섞여 나오는 증상입니다. 색은 선명한 선홍색부터 어두운 적색까지 다양합니다. 질병 외에도 중독이나 타박, 교통사고 등으로 인한 출혈이 원인일 수도 있습니다.

어떻게 하면 나을까요?

신장에 생긴 염증으로 출혈이 발생해서 붉은색 소변을 보는 경우가 있습니다. 급성과 만성이 있으며 조기에 치료해야 하므로 즉시 병원에 데리고 갑시다.

요도로 대장균이 침투하여 감염을 일으켜서 방광염이나 요도염에 걸리는 경우가 있습니다. 또한 하부요로기계증후군에 걸리면 소변

더 알아보기

고양이의 종류 30

스핑크스

털이 없는 것이 가장 큰 특징입니다. 마치 스웨이드 가죽 같은 피부는 연약합니다. 장난을 좋아하고 밝고 쾌활한 성격입니다.

탄생국 | 캐나다

을 볼 때 힘들어하거나 혈뇨를 봅니다. 전문적인 치료가 필요하므로 즉시 병원에 데리고 가야 합니다. 항상 신선한 물을 주면 예방에 도움이 됩니다.

그 밖에도 방광의 점막에 생긴 종양에서 피가 나서 신장질환이나 네프로시스증후군(신장증)을 일으키는 경우, 간염 등으로 인해 빌리루빈뇨를 보는 경우, 농약이나 화학물질, 파 종류 등을 먹고 중독을 일으키는 경우도 있습니다.

한편, 싸움 등으로 음경에 상처를 입어 소변에 피가 섞여 나오는 경우도 있습니다. 어떤 경우라도 출혈의 원인을 찾아 치료하는 것이 중요합니다.

소변과 관련된 질병은 수컷에게서 자주 보입니다. 방광염이 있거나 먹이의 영향으로 결석이 생기는 경우도 있으므로 식생활에 꼼꼼히 신경을 써 줍시다.

의사 선생님의 조언

혈뇨에는 여러 원인이 있습니다. 빨리 질병의 원인을 찾아내어 치료하는 것이 중요합니다. 특히 수컷은 혈뇨를 보이는 시점에서 바로 치료를 시작하지 않으면 소변이 나오지 않게 될 수도 있습니다.

한줄정보 수컷은 요도폐색을 일으킬 수도 있으므로 최대한 빨리 치료해 주세요.

화장실에 계속 가요

소변 보는 모습을 유심히 살펴보세요

화장실을 가도 소변을 보지 못해 결국 목숨까지 잃는 경우도 있습니다. 평소 고양이가 소변을 잘 보고 있는지 확인하세요.

 ## 원인이 뭐예요?

- 방광염 ● 하부요로기계증후군 등

 ## 증상의 특징은?

계속해서 화장실을 들락날락하는데도 소변을 잘 보지 못하거나 소변이 나와도 몇 방울밖에 나오지 않는 등의 이상을 보입니다. 소변 횟수나 고양이의 상태에 이상이 보인다면 질병을 의심해 봅시다.

 ## 어떻게 하면 나을까요?

방광염은 요도로 침입한 대장균 등에 감염되어 일어납니다. 증상이 심해지면 온종일 화장실에 앉아 있거나 소변이 몇 방울밖에 나오지 않아 괴로워하는 모습을 보이기도 합니다.

음부가 소변으로 축축하게 젖어 있거나 청결하지 않으면 세균에 감염되기 쉬우므로 소변을 보고 난 후에는 음부를 주의 깊게 살펴보세요.

🐾 더 알아보기

새로운 동물과 친해지는 방법 5

낯선 성인과 함께 살기

지금까지 함께 지낸 적이 없는 낯선 성인과 동거하게 되면 고양이는 무서워하거나 싫어할 수도 있습니다. 고양이의 반응에 동요하지 말고 천천히 적응시킵시다. 시간이 지나면 가까이 다가오게 됩니다.

고양이의 종류 31

이집션마우(이집트 고양이)

몸의 점박이 무늬가 특징입니다. 동그란 눈에 걱정스러운 표정을 짓고 있지만 독립심이 강하고 활달합니다.

탄생국 | 이집트

또한, 화장실의 위치가 좋지 않아도 고양이가 편안하게 소변을 보지 못합니다. 구석의 조용하고 어두운 곳 등에 화장실을 놓아 주고 항상 화장실을 깨끗하게 해 주세요. 화장실이 더러우면 세균이 증식하는 원인이 됩니다.

하부요로기계증후군은 여러 가지 원인이 겹쳐져서 요로에 생긴 결정이나 결석이 일으키는 질병입니다. 요로가 차단되어 방광에 소변이 차게 되므로 치료하지 않으면 식욕부진, 구토, 복통 등이 생기며 요독증으로 발전하여 사망하는 경우도 있습니다.

조기에 치료를 하면 대부분 회복이 되지만 적절한 치료를 하지 않으면 재발도 잦습니다. 항상 신선한 물을 마실 수 있도록 준비하고, 화장실을 청결히 하고, 적절한 운동을 시키는 등 평소의 관리가 중요합니다.

또한 소변이 나오지 않게 되면 소변이 마려운 느낌이 없어지기도 합니다. 내버려 두면 방광이 부풀어 다른 장기나 혈관을 압박하여 2차적 질병을 유발할 가능성도 있습니다. 즉시 수의사와 상담하여 소변이 나오지 않는 원인을 찾고 질병 치료를 시작해 주세요.

의사 선생님의 조언

하부요로기계증후군에 걸릴 확률은 수컷과 암컷이 같지만, 수컷이 요도폐색을 일으키기 쉽습니다. 요도폐색을 일으키면 즉시 수의사의 치료가 필요합니다. 주인은 평소 소변의 상태를 충분히 관찰하고 이상을 발견하면 즉시 병원에 데려가도록 합시다.

한줄정보 소변 색이 어떤지 수의사에게 전하면 조기 치료로 이어질 수도 있어요.

아무 데서나 대소변을 봐요

조절을 못하는 것일지도 몰라요

화장실 관련 문제는 여러 가지 원인이 있습니다. 그 중에는 냄새를 묻혀 자신의 존재를 알리기 위한 스프레이 행위(영역 표시)인 경우도 있습니다.

원인이 뭐예요?

● 방광염 ● 하부요로기계증후군 ● 스프레이 행위(영역 표시) 등

증상의 특징은?

소변을 보는 횟수는 느는데 양은 적어지고, 화장실 이외의 장소에서 대소변을 보게 되거나 소변을 조절하지 못하게 되어 무의식중에 나오는 등의 증상이 나타납니다. 또, 연에 2~4회 찾아오는 발정기에는 냄새를 묻히기 위해서 스프레이 행위를 하는 경우도 있습니다.

어떻게 하면 나을까요?

소변에 이상이 있다면 방광염이나 하부요로기계증후군(90쪽 참조) 등의 질병이 예상됩니다. 초기에는 소변의 횟수가 늘고 그에 반해 양이 적은 것이 특징이며 점점 화장실이 아닌 곳에서도 소변을 보게 됩니다.

방광염에 걸리면 잔뇨가 있어서 소변을 조금씩 흘리는 증상을 보

더 알아보기

고양이의 종류 32

오시캣

몸의 무늬가 특이합니다. 노는 것을 좋아하며 호기심이 강하고 사람을 매우 좋아하며 혼자 있는 것을 싫어합니다.

| 탄생국 | 미국 |

입니다. 원인이 무엇이든 우선 질병을 찾아내서 치료하고, 항상 신선한 물을 준비하고 화장실을 청결하게 유지하도록 합시다.

또한, 교통사고 등으로 척수에 손상을 입은 고양이나 소변을 참는 버릇이 있는 고양이도 소변을 흘릴 수 있습니다. 방광 근육이 마비가 되어 소변이 무의식중에 나오게 되는 것입니다. 고양이가 화장실을 참는 버릇이 생기지 않도록 항상 화장실을 깨끗하게 유지하여 언제든지 소변을 볼 수 있는 환경을 만들어 주는 등 생활환경을 개선하는 것이 중요합니다.

한편, 연에 2~4회 발정기가 되면 수컷, 암컷 모두 냄새를 남기기 위해서 여기저기에 소변을 봅니다. 이 행동은 중성화수술로 방지할 수 있습니다.

의사 선생님의 조언

소변을 본 뒤 음부나 음부의 분비물을 핥는 고양이는 치육염이나 치조농루 등 구강질환에 걸릴 가능성이 있으므로 주의해야 합니다. 평소 칫솔이나 거즈를 사용하여 양치질을 해 주거나 치육을 마사지해 주면 예방할 수 있습니다.

한줄정보 발정기에는 손님 물건에 스프레이 행위를 하지 않도록 주의하세요.

엉덩이를 지면에 문질러요

항문 주위에 이상이 있다는 증거예요

엉덩이에 불쾌감을 느껴 자주 핥거나 마루나 지면에 비벼 댄다면 엉덩이에 상처가 있거나 이상이 있는 증거입니다.

 ## 원인이 뭐예요?

● 항문낭염 ● 설사 ● 기생충증 ● 싸움으로 인한 외상 등

 ## 증상의 특징은?

항문낭에 염증을 일으키면 고양이가 엉덩이에 불쾌감과 통증을 느껴 핥거나 엉덩이를 바닥에 문지릅니다. 또 싸우다가 엉덩이를 물려 신경 쓰여도 같은 증상을 보입니다.

 ## 어떻게 하면 나을까요?

항문낭이란 항문 양쪽에 있는 기관입니다. 항문선이라고도 불리며 냄새가 나는 분비물을 배출합니다. 이 냄새는 고양이에 따라 다르며 서로를 식별하는 역할을 한다고 합니다.

항문낭염은 이 항문선이 염증을 일으킨 상태로 항문낭 내에 찬 분비물이 세균에 감염되어 일어납니다. 내버려 두면 항문 주위가 곪거

🐾 더 알아보기

새로운 동물과 친해지는 방법 6

아기와 함께 살기

아기가 태어나면 고양이와 보내는 시간이 줄어들어 고양이가 문제 행동을 일으키는 경우가 있습니다. 잠깐이라도 고양이를 안아 주거나 쓰다듬는 시간을 내어 주는 것이 중요합니다. 고양이가 적응하며 점차 안정을 찾게 되면 아기와의 관계도 원만하게 형성될 것입니다.

고양이의 종류 33

뱅갈

빽빽하고 화려하며 부드러운 털이 특징입니다.
독립심이 강하고 사교적이며 어른스럽습니다.

| 탄생국 | 미국 |

나 항문낭이 파열하는 경우도 있으므로 이 병이 의심된다면 즉시 수의사와 상담하세요. 평소에 항문 주위를 청결하게 유지하고 정기적으로 항문낭을 짜면 예방할 수 있습니다.

그 밖에 항문 부근이 가려울 때 바닥에 엉덩이를 비비기도 합니다. 설사 등의 증상이 있을 때나 조충 등의 기생충이 항문 밖으로 배출될 때 나타나지만, 항문에 상처가 나거나 주위 피부에 감염증이 생겼을 가능성도 있으므로 고양이가 이러한 행동을 보인다면 수의사와 상담하는 것이 좋습니다.

한편, 고양이들끼리 싸우다가 꼬리나 꼬리뿌리 쪽을 물리면 그 상처가 신경 쓰여 바닥에 엉덩이를 대고 문지르는 경우가 있습니다. 이 때문에 상처에 염증이 생기거나 악화되어 또 다른 질병을 일으킬 수도 있으므로 주의하세요.

고양이는 엉덩이를 만지면 싫어합니다. 병원에 데려가서 상처를 치료해 주세요.

의사 선생님의 조언

엉덩이 주변의 질병은 주로 위생적이지 못할 때 발생하며 치료에 시간이 걸리는 경우가 있습니다. 평소에 청결하게 유지해 주고 대소변이나 엉덩이 상태에 주의를 기울이고 이상을 발견했을 때는 즉시 병원에 데려갑시다.

한줄정보 꼬리뼈가 휜 고양이는 엉덩이를 바닥에 문지르다가 꼬리뿌리에 상처가 나는 경우도 있어요.

응급 상황 시 도움이 되는 물품

만약 고양이 상태에 이상을 느꼈다면 수의사와 연락하기 전에 할 수 있는 처치를 해 줍시다. 이때 준비해 두면 편리한 물품을 알아봅시다.

● 세탁망

질병이나 상처를 입은 고양이를 병원에 데리고 갈 때 사용합니다. 고양이를 세탁망에 넣고 이동장에 넣어서 병원으로 옮깁시다. 수의사 앞에 가면 고양이는 공포심으로 이동장에서 나오지 않는 경우가 있습니다. 이동장에서 꺼낼 때나, 수의사가 치료할 때도 고양이를 세탁망에 넣은 채로 치료하면 훨씬 순조롭게 진행됩니다.

● 체온계

동물 전용 체온계를 준비해 둡시다. 고양이의 체온은 항문에 체온계를 넣어 잽니다. 평열은 보통 38도 전후입니다.

● 붕대(거즈, 수건)

상처를 입거나 골절이 되었을 때 등 붕대가 있으면 편리하며 없을 때는 거즈나 수건을 대용으로 사용할 수 있습니다.

● 가위

털 뭉치를 제거하거나 상처를 응급처치 할 때도 가위가 필요합니다.

● 발톱깎이

사람이 쓰는 손톱깎이도 괜찮지만 되도록 고양이용 발톱깎이와 발톱줄을 준비해 둡시다. 지혈제도 함께 준비해 두면 만약의 경우에 유용합니다.

● 빗

그루밍을 할 때 필요합니다. 빗살이 성긴 빗과 피부 마사지가 가능한 빗도 가지고 있으면 좋습니다.

● 이동장

외출을 할 때나 병원에 데리고 갈 때 등 반드시 구비해야 하는 물품입니다. 가끔 이동장을 싫어하는 고양이도 있으니 고양이의 성격을 고려해서 고릅니다.

● 캣그라스

깨끗한 것을 좋아하는 고양이는 그루밍을 하면서 털을 삼키게 됩니다. 캣그라스를 먹이면 삼킨 털을 토할 뿐만 아니라 고양이에게 필요한 영양소인 엽산도 공급할 수 있습니다.

● 면봉

귀 청소를 할 때 면봉이 필요합니다. 귀 청소를 해 주면 귀질환을 예방할 수 있습니다.

● 약

내복약은 반드시 수의사의 처방을 받아서 줘야 합니다. 또 상처가 나서 소독을 해야 하는 경우도 수의사와 상담하고 진행하는 것이 좋습니다. 고양이는 약에 민감하므로 투약 시 각별한 주의를 기울여야 합니다.

제 2 장

어떻해, 사고가 났어요!

알아 두면 좋은 상식

교통사고가 났어요

실내에서 기른다고 방심하면 안 돼요

교통사고는 밖을 자유롭게 나다니는 고양이에게 일어날 가능성이 높습니다. 어딘가 평소와 다르거나 걸음걸이가 이상할 때는 사고를 의심해 보세요.

원인이 뭐예요?

● 외상 ● 골절 ● 내장 파열 ● 횡격막헤르니아 등

무엇을 조심해야 하죠?

사고는 주인이 보지 못할 때 일어나는 경우가 많습니다. 평소와 어딘가 다르거나 걸음걸이가 이상할 때, 집에 돌아오지 않을 때는 교통사고를 당했을 가능성이 있습니다. 침착하게 즉시 수의사와 연락을 취합시다.

응급처치 어떻게 하죠?

밖에서 기르는 고양이뿐만 아니라 실내에서 기르는 고양이도 교통사고가 날 가능성이 높습니다. 비교적 가벼운 사고인 경우에는 겉으로 드러나지 않아서 알아채기 힘듭니다. 항상 고양이에게 이변이 없는지 신경 써 주세요.

사고를 당해서 크게 다친 고양이는 매우 흥분한 상태라서, 날뛰거나 달려들어 물 수도 있습니다. 먼저 고양이의 상태를 살피면서 세

🐾 더 알아보기

이럴 때는 어떡하죠?

고양이도 리드줄이 필요할까?

밖에서 기르는 많은 수의 고양이들이 교통사고로 목숨을 잃고 있습니다. 이러한 불행을 줄이기 위해서는 고양이를 밖에 데리고 갈 때 리드줄을 착용하는 것도 좋습니다. 또한, 실내에서 기르는 고양이는 집 안에서만 생활해도 충분히 행복함을 느낍니다. 따라서 억지로 산책하러 나갈 필요는 없습니다.

고양이가 들어간 재미있는 표현 1

네코바바(ネコババ, **고양이바바**) – 나쁜 일을 하고서 시치미를 떼는 사람, 모르는 척을 하는 사람

'네코바바'란 '고양이 바바'라는 말로 일본어로 '바바'를 '할머니'로 보는 설과 '똥'으로 보는 두 가지 설이 있습니다. 전자는 일본 에도시대에 고양이를 좋아하던 할머니가 좀처럼 빚을 갚지 않아서 유래되었다는 설. 한편, 후자는 고양이가 똥을 싸고 뒷다리로 모래를 덮어 숨기는 행동에서 유래되었다는 설입니다.

탁망에 고양이를 넣어 주세요. 고양이를 세탁망에 넣어 두면 흥분한 고양이를 응급처치 하거나 병원에 데리고 가서 수의사에게 치료를 받을 때도 순조롭게 진행이 됩니다.

출혈이 있다면 병원에 데려가기 전에 상처 부위를 수건이나 거즈로 압박해서 지혈합니다. 과다 출혈로 사망할 수도 있으므로 주의하세요.

겉으로 보기에 상처가 없으면 다들 안심하지만 골절이나 탈구가 있을 수도 있습니다. 사고 후 한동안은 상태를 유심히 지켜보고, 평소와 다름이 없어 보이더라도 병원에서 진찰을 받는 것이 좋습니다. 또한, 발을 질질 끌거나 걷지 못한다면 골절을 입었을 가능성이 높습니다. 고양이가 싫어하는데 환부를 찾기 위해 억지로 움직이게 하지 말고, 가능한 한 몸이 움직이지 않게 해서 즉시 병원에 데려갑시다.

자동차에 치이면 흉강, 복강, 뇌 등을 다치거나 내장 파열이나 횡격막헤르니아 등이 일어날 수도 있습니다. 촌각을 다투는 위급한 상황일 수도 있으므로 되도록 빨리 병원에 데려갑시다.

높은 곳에서 떨어졌어요

목숨을 잃을 수도 있어요

고양이는 나무 위나 지붕을 이리 저리 뛰어다니지 만, 아파트 등 높은 곳에서 떨어지면 골절상을 입을 수 도 있습니다.

 ## 원인이 뭐예요?

●골절 ●타박 ●내장 파열 등

 ## 무엇을 조심해야 하죠?

높은 곳에서 떨어질 땐 머리부터 아래쪽으로 떨어집니다. 때문에 턱이 바닥에 부딪쳐서 이빨이 부러지거나 턱이 찢어지기도 합니다. 또한, 동시에 고양이가 받는 정신적인 충격도 대단히 큽니다.

 ## 응급처치 어떻게 하죠?

먼저 고양이의 상태를 관찰하고 진정시킵시다. 사고가 난 직후에 는 고양이가 매우 흥분해서 주인이라 하더라도 물 수 있습니다. 어 느 정도 진정이 되면 고양이를 세탁망에 넣은 뒤 세탁망의 입구를 살짝 열고 즉시 응급처치를 시작합시다.

코 주위에 출혈이 있다면 조심스레 피를 닦아 냅니다. 그리고 거 즈나 수건 등으로 피가 나는 부분을 덮어 줍니다. 출혈이 많을 때는

🐾 더 알아보기

이럴 때는 어떡하죠?

고양이는 실내에서만 살 수 있을까?

고양이에게 있어 영역은 먹이를 확보하고 안심하고 지낼 수 있 는 장소를 뜻합니다. 따라서 실내라 하더라도 그러한 장소가 있으 면 고양이는 충분히 행복하게 지낼 수 있습니다. 거기에 추가로 밖 을 내다볼 수 있는 창가, 남의 눈에 잘 안 띄는 어두운 곳, 오를 수 있는 선반 등이 있다면 더욱 만족스러워합니다.

고양이가 들어간 재미있는 표현 2

고양이도 주걱도 – 개나 소나, 어중이떠중이, 누구나 다

이 말은 일본에서 고양이나 주걱이나 어디에나 흔히 있는 것이라는 의미로 사용합니다. 하지만 일본에서 고양이는 '*마쿠라노소시(枕草子)'에 일왕의 애묘가 묘사된 것처럼 개보다 비교적 귀하게 여겨졌다고 합니다.

*마쿠라노소시(枕草子) – 일본 수필문학의 효시로 대표적인 고전문학 작품.

수건 등으로 환부를 누르고 반창고로 고정하여 지혈한 뒤 즉시 병원에 데려갑시다.

이빨이 부러지거나 아래턱이 찢어진 경우, 억지로 입을 벌려서 증상을 보려 하지 말고 고양이를 가만히 안아 병원에 데리고 갑시다.

내장이 파열되었을 수도 있습니다. 이는 외견상으로는 알기 어려우므로 외상이 보이지 않더라도 큰 사고가 나면 되도록 빨리 병원에 데리고 가서 일단 검사를 받아 보는 것이 좋습니다.

만약 의식이 없거나 전혀 움직이지 않는다면 상당히 위험한 상태입니다. 최대한 빨리 병원으로 옮깁시다.

무엇보다 중요한 것은 이러한 사고가 발생하지 않도록 사전에 예방하는 것입니다. 고양이가 아파트 발코니에 나갔다가 난간에서 낙상하는 사고가 많다고 합니다. 난간에 올라갈 수 없게 하는 등 대책을 세워서 사고를 방지하도록 합시다.

한편, 그다지 높지 않은 곳에서 떨어진 경우에도 뼈에 이상이 생길 수 있습니다. 생활환경에 문제가 없는지 되짚어 봅시다.

한줄정보 고층 건물에서 고양이를 기른다면 밖에 내보내지 않는 것도 방법이에요.

문에 부딪쳤어요 · 꼬리가 끼였어요

평소의 부주의가 불러온 사고예요

고양이의 기척을 못 느끼고 문을 세게 닫아 그 문에 부딪치거나 문 사이에 끼이는 사고가 자주 일어납니다.

원인이 뭐예요?

●타박 ●염좌 ●골절 ●탈구 ●내장 파열 ●안구 손상
●꼬리의 외상이나 골절 등

무엇을 조심해야 하죠?

방 안을 이리저리 뛰어다니는 고양이를 알아채지 못하고 문을 닫아서 고양이가 그 문에 부딪쳐서 타박이나 골절을 입거나 충격으로 안구가 돌출되는 사고가 종종 있습니다. 또 문 사이에 꼬리가 껴서 꼬리에 골절을 입기도 합니다. 평소에 주의를 기울이면 충분히 막을 수 있는 사고입니다.

응급처치 어떻게 하죠?

충격을 받은 고양이는 매우 흥분해서 난폭하게 굴고 물기도 합니다. 잠시 고양이의 상태를 지켜보고 진정시킨 뒤 세탁망에 고양이를 넣습니다.

문에 부딪치면 타박이나 염좌, 골절이나 탈구 등을 일으킵니다. 서지 못하거나, 움직이지 못하는 등 금세 눈에 띄는 증상이 나타납니다. 되도록 몸이 움직이지 않게 조심해서 병원으로 옮기고 서둘러

🐾 더 알아보기

이럴 때는 어떡하죠?

꼬리를 잘라도 괜찮을까?

생각지도 못한 사고로 어쩔 수 없이 꼬리를 잘라야 하는 경우도 있습니다. 꼬리를 잘라도 괜찮을지 걱정이 되겠지만 그대로 두면 꼬리의 끝이 썩을 수도 있습니다. 수의사의 판단에 따라 꼬리를 자르도록 합시다.

고양이가 들어간 재미있는 표현 3

접시 핥은 고양이가 벌 받는다 – 정작 혼날 사람은 안 혼난다는 의미

접시에 놓인 생선을 먹은 고양이는 도망가고, 그 뒤에 와서 접시를 핥은 고양이가 잡혀서 벌을 받는다는 뜻입니다. 이는 정작 범죄를 저지른 거물은 잡히지 않고 하찮은 인물만 잡혀서 벌을 받는 것과 같은 상황을 빗대어 하는 말입니다.

치료를 시작합시다.

혈관이나 내장이 파열된 경우 기운이 없어 보이는 것 외에는 외견상으로는 구체적인 상태를 알 수가 없습니다. 따라서 사고 후 고양이가 평상시와 다름없어 보여도 병원에서 검사를 받아 보는 것이 좋습니다.

안구가 돌출되었을 때는 즉시 병원에 데리고 가서 수의사의 치료를 받으면 정상적인 위치로 되돌릴 수 있습니다. 당황하지 말고 침착하게 고양이를 병원에 데려갑시다.

꼬리가 끼였다면 꼬리에 골절을 입었을 가능성이 있으므로 즉시 병원에서 엑스레이 검사를 받아 봅시다. 꼬리 골절은 낫지 않는 경우가 많으며 썩어서 곪기도 합니다. 수의사의 판단에 따라 꼬리를 절단하는 것이 나은 경우도 있습니다.

최근에는 고양이가 자동문에서 놀다가 꼬리가 끼이는 사고가 잦다고 합니다. 자동문이 있는 곳에 사는 경우 특히 주의를 기울입시다.

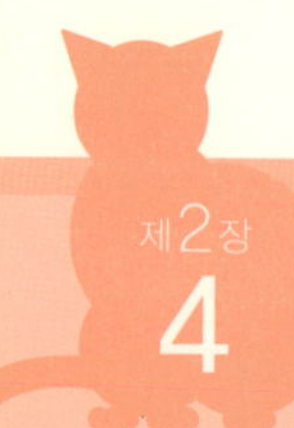

벌에 쏘였어요 · 뱀에 물렸어요

목숨을 잃을 수도 있어요

벌이나 뱀은 먼저 건드리지 않으면 위해를 가하지 않습니다. 하지만 고양이는 호기심을 느끼고 벌이나 뱀에게 가까이 다가갔다가 사고를 당할 위험이 큽니다.

원인이 뭐예요?

●부기 ●외상 ●구토 ●발열 ●쇼크 ●경련 ●마비 등

무엇을 조심해야 하죠?

벌에 쏘이거나 뱀에 물리면 그 부분이 붓고 구토나 발열, 쇼크 증상 등을 보입니다. 때에 따라서는 경련이나 마비가 나타나고 목숨을 잃는 경우도 있습니다.

응급처치 어떻게 하죠?

얼굴이 부은 것 같다고 병원을 찾은 고양이를 진찰해 보니 벌에 쏘인 경우가 있었습니다. 이처럼 원인이 확실치 않은데 얼굴이나 팔다리가 붓는 증상이 나타나면 벌에 쏘였을 가능성이 있습니다. 벌침에는 독이 있어서 쏘이면 붓고 통증이 나타납니다. 때로는 경련을 일으키거나 호흡마비를 일으키는 등 매우 심각한 증상이 나타나는

🐾 더 알아보기

이럴 때는 어떡하죠?

입으로 독을 빨아 내는 것은?

절대 해서는 안 됩니다. 상처 부위를 손으로 만지는 것도 삼가는 것이 좋습니다. 만진 사람의 몸 안으로 독이 들어갈 가능성이 매우 높기 때문입니다. 만약 고양이가 뱀에 물린 현장을 우연히 목격하였다면 뱀의 특징을 기억하여 수의사에게 전달합시다.

고양이가 들어간 재미있는 표현 4

우는 고양이 쥐 안 잡는다 – 입만 산 사람

가장 시끄럽게 우는 고양이가 울기만 하고 정작 쥐는 잡지 않는다는 말입니다. 말수가 많고 허풍을 떠는 사람은 실행력이 없고 실제로는 도움이 되지 않는다는 뜻입니다.

경우도 있으므로 고양이를 세탁망에 넣어서 즉시 병원에 데리고 갑시다. 조기 치료가 조기 회복으로 이어집니다.

뱀에 물리면 원인 모를 경련이나 호흡마비를 일으키는 등 쇼크 상태가 나타납니다. 독사에 물렸을 때는 즉시 처치하지 않으면 고양이가 목숨을 잃을 수도 있습니다. 고양이에게 이상이 나타났다면 즉시 수의사에게 연락합시다. 빠르고 전문적인 치료를 받아야만 조기 회복으로 이어집니다.

호기심이 왕성한 고양이가 벌이나 뱀에게 흥미를 느껴 냄새를 맡기 위해 접근했다가 쏘이거나 물리는 사례가 많습니다. 벌은 봄에서 가을에 걸쳐서, 뱀은 여름이 되면 활발하게 활동합니다. 벌이나 뱀이 많은 지역은 이 시기에 특히 주의를 기울여 이러한 사고를 미연에 방지합시다.

독극물을 먹었어요

무엇을 먹었는지 확인하세요

독극물을 먹으면 복부에 극심한 통증이나 구토, 설사, 경련 등 여러 가지 증상이 나타납니다. 침착하게 고양이를 즉시 병원에 데리고 갑시다.

 ## 원인이 뭐예요?

●침 흘림 ●구토 ●설사 ●경련 ●복통 등

 ## 무엇을 조심해야 하죠?

쥐나 해충의 구제제, 화분이나 밭에서 제초제가 묻은 풀을 먹거나, 방부제나 주방용 세제, 담배꽁초 등 먹으면 안 되는 것을 고양이가 먹어 버리는 경우가 있습니다. 고양이의 시야에 독극물이나 위험물을 두지 않는 등 평소에 주의하면 막을 수 있는 사고입니다.

 ## 응급처치 어떻게 하죠?

무엇을 먹었는지에 따라 그 증상은 달라집니다. 갑자기 토하거나 설사를 하고 침을 흘리거나 때에 따라서는 상태가 급변하는 경우도 있습니다.

고양이가 경련을 일으키거나 축 늘어졌다면 세탁망에 고양이를 넣어서 즉시 병원에 데리고 갑시다. 원인으로 의심되는 독극물을 가지고 가면 적절한 치료를 더욱 빠르게 받을 수 있습니다. 즉시 병원

🐾 더 알아보기

이럴 때는 어떡하죠?

고양이가 위험물에 접근하지 못하게 하는 방법

고양이가 독극물에 접근하지 않도록 고양이가 싫어하는 냄새가 나는 기피제를 사용하는 방법이 있습니다. 하지만 이것은 어디까지나 마지막 수단입니다. 방부제나 세제 등을 고양이의 시야에 닿지 않는 곳에 두는 습관을 들이는 일이 가장 중요합니다.

고양이가 들어간 재미있는 표현 5

고양이는 경국지색의 환생

경국은 유녀(遊女)라는 뜻으로 고양이의 전생이 게이샤였다는 뜻입니다. 손님을 대하는 게이샤의 태도가 고양이와 닮았고 게이샤가 고양이 가죽으로 만든 *샤미센(三味線) 반주에 맞춰 춤을 춘다는 점에서 이런 말이 생겼다고 합니다.

*샤미센(三味線) – 일본의 대표적인 현악기로 일본의 유곽에서 자주 연주된다.

에 갈 수 있는 상태가 아니라면 미지근한 물에 적신 거즈나 탈지면 등으로 고양이의 입 부근을 조심스럽게 닦아 주세요. 이때도 고양이를 세탁망에 넣어 두면 응급처치가 순조롭습니다. 또한 고무장갑이나 앞치마 등을 착용해서 주인도 독극물에 의한 해를 입지 않도록 주의합시다.

먹은 것을 억지로 토해 내게 할 필요는 없습니다. 고양이가 물을 마시고 싶어 하면 마시게 해도 괜찮습니다. 그러나 먹은 독극물의 양에 따라 고양이의 용태가 급변하거나 때로는 목숨을 잃을 수도 있으므로 되도록 빨리 병원에서 전문적인 치료를 받도록 해 주세요.

고양이가 화분의 비료나 제초제 등을 실수로 먹는 일이 많다고 합니다. 밖을 자유롭게 돌아다니는 고양이는 이 사고를 완전히 예방하는 일이 힘들지만, 구제제나 방부제, 세제나 담배꽁초를 보관할 때는 보관 장소에 충분히 주의를 기울이고, 고양이가 접근하지 못하도록 대책을 세웁시다.

밟았어요 · 찼어요

새끼 고양이는 특히 주의하세요

부엌에서 식사 준비를 하고 있다가 고양이가 있는지 모르고 밟는 등 주인의 부주의로 일어나는 사고 중 하나입니다.

 ## 원인이 뭐예요?

● 염좌 ● 내출혈 ● 골절 등

 ## 무엇을 조심해야 하죠?

주인과 노는 것을 좋아하는 새끼 고양이가 발밑에서 장난치고 있던 것을 모르고 엉겁결에 걷어차거나, 이불 안에서 자고 있던 고양이를 밟는 등 일상생활에서 일어나기 쉬운 사고입니다. 염좌나 내출혈, 때에 따라 골절상을 입는 경우도 있습니다.

 ## 응급처치 어떻게 하죠?

대부분이 귀여운 반려묘를 밟거나 차는 일을 상상도 할 수 없다고 생각할 것입니다. 하지만 이러한 사고는 모두 우연히 발생합니다. 세게 밟으면 골절상을 입을 수도 있습니다. 만약 발로 찼다면 골절까지는 아니어도 염좌나 내출혈을 일으킬 가능성이 있습니다. 한동안 신경 써서 상태를 지켜보며 어딘가 아파하는 곳이 있는지 확인합시다.

🐾 더 알아보기

이럴 때는 어떡하죠?

하면 안 된다는 것을 알게 하려면?

고양이는 강아지와 달리 혼을 내도 잘 모른다고 합니다. 그러므로 고양이를 훈련할 때는 하면 안 되는 걸 가르치는 것이 중요합니다. '이놈!'이나 '안 돼!' 정도로도 괜찮으니 고양이가 잘못된 행동을 하면 바로 소리를 쳐서 혼을 냅시다.

고양이가 들어간 재미있는 표현 6

쥐가 없어도 잡지 못하는 고양이는 기르지 말라 – 무능한 사람

쥐가 없다고 해서 쥐를 잡지 못하는 고양이를 기를 수는 없다는 뜻입니다. 무능한 자, 도움이 되지 않는 자는 양성할 수 없다는 것을 비유하는 말입니다. 출전은 *학림옥로(鶴林玉露)입니다. 쥐를 잡기 위해 고양이를 기른 습관이 잘 나타난 고사성어입니다.

*학림옥로(鶴林玉露) – 중국 남송 때 주자의 제자인 나대경이 지은 수필집.

고양이가 통증으로 흥분한 상태일 때는 세탁망에 넣어 두면 동요하는 고양이를 응급처치할 때나, 병원에 데려가서 수의사가 치료하기 순조롭습니다. 아파하는 부분을 발견했다면 그 부분에 닿지 않도록 조심히 안아서 병원에 데려갑시다.

고양이를 밟거나 찬 후, 시간이 조금 지나자 괜찮은 듯 다시 장난을 치고 논다고 해도 눈에 보이지 않는 상처를 입었을 가능성이 있습니다. 아픈 곳이 없어 보여도 2~3일은 안정을 취하게 합시다. 가끔은 시간이 흐른 후 다리를 끌거나 기운이 없어지는 등의 증상이 나타나기도 합니다.

일상생활 속에서 갑작스럽게 일어나는 사고입니다. 부엌이나 욕실 등에서 집안일을 하고 있을 때나 이불에 들어갈 때 등 혹시 고양이가 없는지 주변을 확인하는 습관을 들이는 것이 중요합니다.

6 밟았어요 · 찼어요

이물을 삼켰어요

토하거나 식욕이 떨어져요

물건을 가지고 노는 것을 좋아하는 새끼 고양이에게 일어나기 쉬운 사고입니다. 이물을 삼켰다면 무리하게 제거하려 하지 말고 적절하게 대응해 주세요.

원인이 뭐예요?

●이물이 위장을 막았다 ●구토 ●식욕부진 등

무엇을 조심해야 하죠?

고양이는 이물을 삼키면 자신을 보호하기 위해 자연스럽게 구토를 해서 이물을 토해 낼 가능성이 높습니다. 하지만 목에 이물이 막혀서 계속 심하게 기침을 하거나, 토하려고 해도 토해 내지 못하거나, 식욕부진이 나타날 수도 있습니다. 때로는 위장에 이물이 막히는 경우도 있는데, 그렇게 되면 매우 위험합니다.

응급처치 어떻게 하죠?

이물을 삼킨 고양이는 캑캑거리며 심하게 기침을 하면서 이물을 토해 내려고 하거나 실제로 토를 합니다. 토해 내려 하는데도 하지 못하고 괴로운 듯이 기침을 할 때는 진한 소금물을 먹이면 대개 토를 하게 됩니다.

토를 해도 이물이 나오지 않는다면 고양이의 상태를 살피며 입을 벌려 봅시다. 이때 고양이 머리를 아래쪽을 향하게 하여 들은 뒤 입

🐾 더 알아보기

이럴 때는 어떡하죠?

수의사에게 처방받은 약을 제대로 먹이려면?

병원에서 처방받아 온 약을 먹일 때 고양이가 먹으려 하지 않아 애를 먹을 때가 있습니다. 이럴 때는 소량씩 먹이에 섞어서 먹이면 됩니다. 만약 약 냄새를 맡고 먹지 않으려 하면 평소에 고양이가 좋아하는 간식에 섞어 주는 것도 방법입니다.

고양이가 들어간 재미있는 표현 7

고양이 불알 사절 – 외상 금지

최근에는 좀처럼 보기 힘들지만 과거 일본에서 많이 쓰던 표현으로 외상이나 후불을 금지하는 의미로 사용되었습니다. 고양이의 고환이 엉덩이, 즉 몸의 뒤쪽에 붙어 있어서 이런 표현이 생겨났다고 합니다.

을 벌립니다. 하지만 이때 대부분의 고양이가 거부하며 도망을 가거나 난폭하게 굽니다. 이 경우 억지로 고양이의 입을 벌리려고 하지 말고 즉시 고양이를 세탁망에 넣어서 병원에 데려갑시다.

이물이 위장에 막히거나, 이물로 중독을 일으킬 가능성도 있습니다. 이상을 알아챘다면 최대한 빨리 병원에 데려가서 수의사의 진찰을 받으세요.

목에 무언가가 걸려서 토해 내는 듯한 기침을 해서 병원에 데리고 갔는데 이물이 아닌 다른 질병을 발견하는 경우도 있습니다. 그러므로 고양이가 이상한 기침을 한다면 일단 병원에 데리고 가서 수의사와 상담합시다. 생각지도 못한 질병을 조기에 발견할 수 있을지도 모릅니다.

또한, 고양이가 그루밍을 하듯이 털실을 핥거나 입에 물다가 털실을 삼키는 경우도 간혹 있으니 주의하세요.

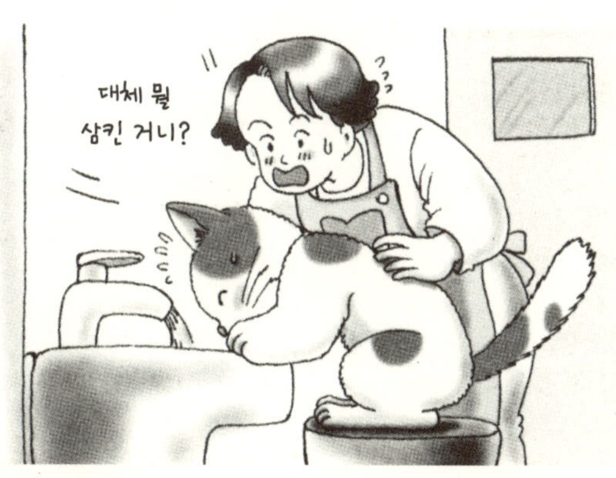

두꺼비를 만졌어요

눈이나 입 주위를 조심히 살피세요

초봄에서 초여름에 걸쳐 두꺼비가 많은 시기에 자주 일어납니다. 두꺼비를 만지면 두꺼비의 독에 중독되어 고양이의 눈이나 입에 증상이 나타납니다.

원인이 뭐예요?

● 침 흘림 ● 머리나 몸을 흔든다 ● 마비 ● 호흡곤란 ● 경련
● 눈의 이상 등

무엇을 조심해야 하죠?

고양이가 두꺼비를 만지면 두꺼비 독에 중독되어 침을 흘리거나, 머리나 몸을 흔들거나, 마비, 호흡곤란 등의 증상이 나타납니다. 두꺼비 사고는 고양이보다 개에게 자주 발생하지만, 입이나 눈 부근이 수상하면 이 사고를 의심해 봐야 합니다.

응급처치 어떻게 하죠?

고양이가 두꺼비를 만지면 침을 흘리거나, 머리를 흔들거나, 경련, 눈의 이상 등의 증상이 나타납니다. 사고가 일어난 직후에는 고양이가 흥분한 상태이므로 고양이를 살피며 우선은 진정을 시킵니다. 그러고 나서 고양이를 세탁망에 넣어서 응급처치를 시작합니다.

응급처치할 때에는 고양이를 조심스레 안고 거즈나 탈지면 등을 미지근한 물에 적셔서 눈이나 입 주위를 깨끗하게 닦아 줍니다.

🐾 더 알아보기

이럴 때는 어떡하죠?

고양이가 조심해야 할 작은 동물은?

두꺼비 외에 도마뱀의 꼬리를 먹어도 중독 증상이 나타나는 경우가 있습니다. 두꺼비를 만졌을 때와 같이 침을 흘리거나 토하고, 머리를 흔들면서 비틀비틀 걸어 다니기도 합니다.

고양이가 들어간 재미있는 표현 8

멍청한 고양이가 옆으로 걷는다

고양이가 자기 집 쥐는 잡지 않고 다른 집 쥐만 잡는 것을 보고 멍청하다, 어리석다고 합니다. 이런 어리석은 고양이의 모습을 다른 집 일만 하고 정작 자신의 집 일은 돌보지 않는 사람에 비유한 말입니다.

그리고 수건 등으로 감싸 몸을 따뜻하게 하고 수의사에게 데려가 즉시 치료를 받으세요.

두꺼비를 만지고 고양이가 의식을 잃었다면 서둘러 수의사에게 연락하고 조심스럽게 병원으로 옮깁니다.

또 두꺼비 피부에서 분비되는 하얀 액체를 고양이가 입에 대어 중독을 일으키기도 합니다. 호흡에 이상이 생기거나 마비, 경련 등의 증상이 나타나면 즉시 병원에 데려가 전문적인 치료를 받아야 합니다.

두꺼비 같은 작은 동물은 고양이가 매우 좋아하는 놀이 상대입니다. 밖을 자유롭게 돌아다니는 고양이는 이러한 사고를 사전에 방지하는 것이 어렵습니다. 초봄이나 초여름 등 두꺼비가 출몰하는 시기에는 특히 신경 써서 살펴보세요.

낚싯바늘이 박혔어요

무리하게 뽑지 말고 즉시 병원에 가세요

낚싯바늘은 미늘(작은 갈고리)이 붙어 있어서 박히면 좀처럼 빠지지 않고 몸에 상처를 입힐 수 있습니다. 즉시 병원에 데려가서 수의사의 처치를 받아 제거합시다.

 ## 원인이 뭐예요?

- 낚싯바늘 등이 입이나 발에 박혔다
- 낚싯바늘 등을 실수로 삼켰다 등

 ## 무엇을 조심해야 하죠?

여러 가지 물건에 흥미를 보이는 새끼 고양이에게 자주 일어나는 사고입니다. 생선 냄새가 나는 '천잠사(낚시용 실)'를 만지거나 입에 물고 놀다가 날카로운 바늘이 걸리거나, 낚은 생선을 먹다가 낚싯바늘을 삼켜버리는 경우도 있습니다. 또한, 밖에서 낚시하는 사람에게 다가갔다가 사고가 일어나기도 합니다.

 ## 응급처치 어떻게 하죠?

낚싯바늘은 J자형의 갈고리가 붙어 있습니다. 고양이가 생선 냄새가 나는 '천잠사'를 가지고 놀다가 눈이나 혀, 입 주위나 팔다리 등에 낚싯바늘이 박힐 수 있습니다. 낚싯바늘이 박혔다면 억지로 뽑아내려고 하지 말고 통증과 충격으로 흥분한 고양이를 진정시킨 뒤 세탁망에 넣어서 즉시 병원에 데려갑시다.

🐾 더 알아보기

이럴 때는 어떡하죠?

실 같은 것이 튀어나와 있을 때는?

낚싯바늘이나 재봉 바늘 등을 삼키면 입이나 항문 밖으로 실이 나와 있는 경우가 있습니다. 위나 장 등에 바늘이 박혀 있을 가능성이 있으므로 함부로 당기지 말고 그대로 병원에 데리고 갑시다.

고양이가 들어간 재미있는 표현 9

고양이에게 생선을 맡기다

고양이는 생선을 매우 좋아합니다. 따라서 고양이한테 생선을 맡긴다는 것은 일이 잘못될 것을 알면서도 위험에 빠뜨리는 행동을 말합니다. 유혹에 사로잡혀 실패하기 쉽다 또는 잘못을 저지를 위험이 있다는 의미로도 쓰입니다. 고양이와 관련된 표현에는 고양이의 호기심 많은 성격이 나타난 것이 많이 있습니다.

바늘을 뽑아낼 때 수의사는 마취를 합니다. 고양이가 몸부림을 치다가 피부에 상처가 나지 않도록 하기 위해서입니다. 바늘을 뽑아낸 뒤 병원에 따라서 마취가 깨는 주사를 놓기도 합니다. 수의사의 설명을 잘 듣고 수의사의 판단에 따릅시다.

낚은 생선을 먹다가 낚싯바늘을 삼켜 버리는 경우도 있습니다. 긴급사태로 즉시 병원에 데려가야 합니다. 삼킨 바늘이 입 안이나 위장에 박혀서 구강에 출혈을 일으키거나 내장을 다치게 할 수도 있기 때문입니다.

한편, 낚시 도구뿐만 아니라 재봉용 바늘이나 못, 압정 등에도 고양이가 다칠 수 있습니다. 이런 위험물을 고양이가 있는 방에 두지 않도록 주의합시다.

만에 하나 사고가 일어났다면 무리하게 빼내려 하지 말고 즉시 병원에 데리고 가는 것이 좋습니다. 주인이 무리하게 빼내려다가 도리어 상처를 깊게 만드는 경우가 많기 때문입니다.

호흡이 불안정하고 괴로워 보여요

우선 호흡 상태를 확인하세요

발로 얼굴을 세게 긁거나, 혀가 푸르스름해지고 괴로운 듯한 표정을 지으며, 의식을 잃고 호흡이 멈추면 긴급사태입니다.

 ## 원인이 뭐예요?

● 호흡곤란 ● 의식불명 ● 심장정지 등

 ## 무엇을 조심해야 하죠?

교통사고나 추락 사고로 횡격막헤르니아를 일으켜서 호흡곤란 증상이 나타나는 경우가 있습니다. 독극물 등을 먹고 질식하기도 합니다. 이 경우 고양이는 얼굴 주변을 세게 긁는 행동을 하고 입 안이 푸르스름해지며 괴로워하면서 의식이 없어집니다. 한편, 사고가 아닌 어떠한 질병이 원인으로 의식을 잃을 수도 있습니다.

 ## 응급처치 어떻게 하죠?

먼저 가슴에 귀를 대고 심장이 뛰고 있는지를 확인합시다. 심장이 뛰고 있다면 고양이를 세탁망에 넣어서 그대로 병원에 데려갑시다.

만약 심장이 뛰고 있지 않다면 즉시 병원에 데려가야 합니다. 이때 고양이의 가슴 부근을 압박하면 심장이 다시 뛸 수도 있습니다.

🐾 더 알아보기

이럴 때는 어떡하죠?

응급처치를 하기 전에 유의해야 할 점

응급처치는 수의사에게 전문적인 치료를 받기 전, 조금이라도 고통을 덜어 주기 위한 행위입니다. 동요하지 말고 침착하게 고양이를 진정시키고 지혈을 하는 등 할 수 있는 최대한의 응급처치를 합시다.

고양이가 들어간 재미있는 표현 10

고양이가 생선 거절한다

고양이가 매우 좋아하는 생선을 필요 없다며 사양한다는 것으로 실제로는 탐이 나면서 입으로만 거절하는 것을 말합니다. 또 일시적이고 오래 지속되지 않는 것에 비유되기도 합니다. 한편, 고양이의 냉정한 성격을 나타내는 말로 '고양이의 탈을 쓰다' 또는 '고양이는 3년의 은혜를 3일 만에 잊는다' 등이 있습니다.

고양이가 의식을 잃고 숨을 쉬지 않는 것은 교통사고나 추락 사고 외에도 독극물 등을 먹은 경우도 생각해 볼 수 있습니다. 우선 입을 벌려서 안을 살펴봅시다. 그리고 코를 가까이 대고 냄새를 맡아 봅니다. 독극물 냄새나 이상한 냄새가 난다면 독극물이 원인일 가능성이 높습니다. 쓰러진 고양이의 주위에 독극물이 없는지 찾아봅시다. 만약 독극물을 발견한다면 병원에 함께 가지고 갑시다. 조기 치료로 이어집니다.

그 밖에도 질병으로 인해 의식을 잃거나 호흡이 멈출 수도 있습니다. 당뇨병이나 저혈당 증후군, 뇌외상이나 열사병 등 매우 다양한 원인이 예상됩니다.

원인이 무엇이든 호흡이 멈추는 것은 긴급사태이므로 서둘러 병원에 데리고 가서 전문적인 치료를 시작해야 합니다. 조기 치료가 조기 회복으로 이어집니다.

10 호흡이 불안정하고 괴로워 보여요

수의사와 상담하는 방법

질병이나 사고 등으로 고양이를 병원에 데리고 갈 때 주인도 당황해서 확실한 정보를 전달하지 못하는 경우가 있습니다. 고양이의 상태를 정확하게 알리지 못하면 적절한 치료를 할 수 없습니다. 병원에 가면 아래와 같은 질문을 받게 됩니다. 이때 침착하게 대답합시다.

1 고양이의 현재 상태는?

먼저 고양이의 상태에 대한 질문을 받게 됩니다. '설사를 하는 것 같아요.' 혹은 '식욕이 없어요.' 등 구체적으로 증상을 전합니다.

2 그 증상은 언제부터 나타났나요?

정확히는 모르더라도 '대략 1개월 전부터요.' 혹은 '요 2~3일 기침을 해요.' 등 이처럼 증상이 나타난 시기를 전하세요.

3 왜 그 증상이 나오게 되었나요?

직접적인 원인은 모르더라도 '1주일 전에 먹이를 바꿨어요.' 혹은 '지난 주말에 가족 여행으로 집을 비워시 고양이가 혼자 있었어요.' 등 짐작 가는 일을 전합니다. 그리고 지금에 이르기까지의 경과를 수의사에게 이야기합시다.

4 구체적으로 어떠한 증상을 보이나요?

'식후에 곧바로 물 같은 설사를 해요.'라든가 '소변에 피가 섞여 있어요.' 등 구체적으로 증상을 전합시다. 또한 특히 증상이 심한 시간대가 있는지 그 증상은 어느 정도 계속되는지 등도 이야기하세요.

5 과거에 질병을 앓은 적이 있나요?

과거 병력을 묻기도 합니다. 현재 보이는 증상의 원인이 있을 수도 있으므로 정확히 전하는 것이 좋습니다. 이때 과거에 사용한 적이 있는 약 등을 알아 두는 것도 중요합니다.

6 어떠한 생활환경에서 지내고 있나요?

생활환경이 원인인 경우도 있습니다. 예를 들어 다른 애완동물과 함께 기르는 경우에는 그것이 스트레스가 되어 어떤 증상이 나타나기도 합니다.

7 또 무언가 걱정스러운 점이 있나요?

그 밖에 걱정되는 점이 있다면 이야기하세요. 현재 상태의 원인을 알 수 있는 경우도 있습니다.

주인이 직접 하는 응급처치

일상의 사건 사고들

싸움으로 상처를 입었어요

발정기에는 특히 조심하세요

영역 다툼이나 암컷을 차지하기 위해 수컷은 종종 싸움을 합니다. 즉시 상처 부위를 치료하지 않으면 곪을 수도 있습니다.

원인이 뭐예요?

●출혈 ●외상 ●화농 ●세균감염 등

무엇을 조심해야 하죠?

다른 고양이와 싸우면 물리거나 할퀴어서 상처를 입고 피가 납니다. 고양이의 입 안이나 발톱에는 세균이 많아서 상처에 세균이 들어와서 곪을 수도 있습니다.

영역 다툼이나 연에 2~4회 찾아오는 발정기에는 암컷을 차지하기 위해 더 자주 싸웁니다. 고양이가 상처를 입고 돌아왔다면 재빠르게 처치를 해 줘야 합니다.

응급처치 어떻게 하죠?

상처를 입은 고양이는 흥분한 상태인 경우가 많습니다. 상태를 지켜보면서 고양이를 진정시킨 뒤 세탁망에 넣습니다.

상처를 발견했다면 고양이의 상태를 살피면서 거즈나 탈지면 등을 미지근한 물에 적셔서 상처 부위를 조심스레 닦아 줍니다. 그리고 애완동물용 소독약이나 가정에 있는 소독약 등을 사용해서 소독

🐾 더 알아보기

준비해 두면 좋은 구급 용품

소독약

상처를 입었을 때 사용하는 소독약은 동물병원이나 애완용품 가게 등에서 살 수 있습니다. 또한 가정에서 사용하는 소독약으로 대용할 수 있습니다. 하지만 고양이는 약에 민감하므로 주치 수의사와 상담하여 처방받아 사용하는 것이 좋습니다.

고양이 영양학

고양이는 육식

고양이는 육식 동물로 사람보다 단백질과 지방이 많이 필요합니다. 그렇다고 생선이나 고기만 주면 영양 균형이 깨지게 됩니다. 시중에 판매하는 고양이 사료는 고양이에게 필요한 영양분이 적절히 포함되어 있으므로 잘 이용해 봅시다.

해 줍니다. 만약 고양이가 싫어한다면 무리하게 응급처치를 하지 말고 병원에 데려갑시다.

출혈이 심할 때는 상처 부위를 수건이나 거즈 등으로 압박하여 지혈합니다. 그리고 서둘러 병원에 데리고 가서 치료를 받도록 합시다.

고양이끼리 싸우다가 물리거나 할퀸 상처에는 세균 번식이 잘 일어납니다. 또한 표면의 상처는 나아도 내부가 곪았을 수도 있습니다. 실제로 상처가 다 나은 줄 알았다가 물린 곳이 부어올라 병원을 찾은 사례도 있습니다. 이렇게 되면 외과적으로 치료가 필요합니다. 따라서 응급처치를 하고 상처 부위가 나았다고 해도 만약을 위해 병원에 데리고 가서 수의사에게 진찰을 받는 것이 좋습니다.

고양이가 밖에서 싸우고 왔다면 항생제 등을 투약하여 환부가 붓는 것을 예방하는 방법도 있으니 수의사와 상담합시다.

피가 났어요 발톱을 잘랐더니

발톱을 자르는 부분을 잘 알아 두세요

고양이의 발톱을 자를 때 피가 나지 않게 주의합시다.

밖을 자유롭게 돌아다니는 고양이는 발톱을 자르지 않는 편이 좋습니다.

원인이 뭐예요?

- 발톱에 혈관이 지나는 부분을 잘라 출혈
- 상처 부위의 화농 등

무엇을 조심해야 하죠?

발톱을 자를 때 발톱 끝의 반투명한 부분이 아닌 혈관이 지나는 부분을 자르면 피가 납니다. 피가 나면 고양이는 통증을 느끼고 도망을 가거나 난폭하게 굴기도 하므로 발톱을 자를 때는 매우 주의해야 합니다.

응급처치 어떻게 하죠?

먼저 탈지면에 지혈제를 묻혀 피가 나오는 발톱 끝에 대고 피를 멈추게 합니다. 출혈이 많을 때는 상처 부위를 수건이나 거즈로 압박한 후에 지혈합시다. 그대로 두면 상처 부위로 잡균이 들어가서 곪을 수도 있습니다. 지혈이 되지 않으면 병원에 데려갑시다.

발톱을 자를 때도 세탁망에 고양이를 넣고 자르기 시작합시다. 고

🐾 더 알아보기

준비해 두면 좋은 구급 용품
지혈제

지혈제는 발톱을 자르다가 피가 났을 때 피를 멈추게 하는 약입니다. 동물병원이나 애완용품 가게 등에서 살 수 있습니다. 발톱을 너무 깊게 잘라서 피가 나면 출혈량이 의외로 많습니다. 발톱을 자를 때는 조심스레 고양이를 다뤄 주세요.

고양이 영양학

지방을 너무 많이 섭취하지 않게 조심하세요

고양이가 육식동물이라고 해서 생선이나 고기만을 주면 여러 가지 증상이 나타납니다. 예를 들어 간을 너무 많이 먹으면 비타민A의 과잉 증상이, 전갱이 등의 생선에 많이 포함된 불포화지방산을 너무 많이 먹으면 황색지방증(76쪽 참조)이 나타날 수 있으므로 주의하세요.

양이가 발톱 자르기 싫어서 도망을 가거나 난폭하게 구는 것을 막기 위한 것입니다. 그리고 세탁망의 입구를 살짝 열고 고양이의 발을 꺼내서 발톱 끝의 반투명한 부분만 자릅니다.

고양이는 본래 사냥을 하는 동물로 항상 발톱을 날카롭게 해 둬야 했기 때문에 발톱을 가는 습성이 있습니다. 따라서 전용 스크래처를 준비하여 그곳에서 발톱을 갈도록 훈련을 시켜 두는 것이 좋습니다.

한편, 실내에서 기르는 고양이에 한해서 발톱을 잘라 줍시다. 발톱을 잘라 주면 주인이 고양이와 놀아 주다가 발톱에 할퀴는 등 다칠 일도 없어집니다. 하지만 밖을 자유롭게 돌아다니는 고양이는 다른 고양이와 싸우거나 위험이 발생했을 때 도망가기 위해서 나무나 지붕 위로 뛰어 올라가야 할 때가 있습니다. 이때 발톱이 없으면 오히려 다칠 수도 있으므로 발톱을 잘라서는 안 됩니다.

발을 다쳤어요

유리나 못 등 다양한 원인이 있어요

발을 끌거나 들고 걷는다면 발바닥에 이상이 있거나 상처를 입었을 가능성이 있습니다. 발과 다리 부근을 자세히 관찰합시다.

 ## 원인이 뭐예요?

- 유리 파편이나 뾰족한 못 등에 발바닥을 다쳤다
- 껌이나 잡초가 붙어서 발바닥에 염증을 일으켰다

 ## 무엇을 조심해야 하죠?

유리 조각이나 뾰족한 못 등을 밟았을 때뿐만 아니라 발가락 사이에 끼인 잡초나 발바닥에 붙은 껌이 염증을 일으키는 경우도 있습니다. 걸음걸이가 이상하거나 발바닥을 신경 쓰며 핥는다면 발을 자세히 관찰해서 원인을 제거해 줍시다.

 ## 응급처치 어떻게 하죠?

고양이를 살짝 안아서 발바닥, 발가락 등을 꼼꼼히 관찰합니다. 상처나 염증이 있으면 건드리면 아파서 몸부림을 치거나 도망을 가려고 합니다. 이때 세탁망에 고양이를 넣어 두면 응급처치를 할 때나 병원에 데리고 가서 수의사가 진찰할 때도 흥분한 고양이를 진정시키기 좋습니다.

🐾 더 알아보기

준비해 두면 좋은 구급 용품

장난감

고양이의 이상을 알아챈 뒤 고양이를 잡으려고 해도 도망 다니는 탓에 좀처럼 잡기 힘든 경우가 있습니다. 그럴 때 고양이의 관심을 끌 만한 장난감이 있으면 편리합니다. 만약을 위해 준비해 둡시다.

고양이 영양학

비타민C는 필요 없어요

고양이는 사람과 달리 체내에서 비타민C를 합성할 수 있습니다. 따라서 비타민C를 섭취할 필요가 없으므로 비타민 보충을 위한 채소를 먹지 않아도 괜찮습니다. 사람과 고양이는 필요한 영양분의 종류나 양이 다르다는 사실을 기억해 두세요.

고양이가 유리 파편이나 뾰족한 못 등을 밟는 일은 드물지만, 풀숲에서 놀다가 잡초가 발가락 깊숙이 들어가거나 길가에 뱉어 놓은 껌 등이 발바닥에 들러붙어서 염증을 일으키는 경우는 자주 있습니다. 고양이 발톱에 다치지 않도록 주의하면서 발가락 부근도 자세히 살펴봅시다.

발가락 사이에 생긴 상처는 좀처럼 발견하기가 어렵습니다. 고양이가 발바닥을 집요하게 핥거나 신경 쓰이는 듯한 행동을 보인다면 발바닥을 자세히 살펴보세요.

원인 물질을 제거할 때 고양이가 아파해서 제대로 제거하기 어려울 때도 있습니다. 오히려 상처를 깊게 만들 수도 있으므로 이럴 때는 무리하게 제거하려고 하지 말고 병원에 데리고 가서 수의사의 처치를 받도록 합시다.

또한 원인 물질을 제거한 뒤에도 계속해서 아파한다면 아직 눈에 잘 보이지 않는 작은 티끌이 남아 있을 가능성도 있으니 병원에 데려가세요.

눈을 긁어서 상처가 났어요

피가 날 수도 있으니 주의하세요

고양이의 눈에 무언가 이상이 있으면 눈을 가늘게 뜨거나, 이물감 때문에 발로 문지르거나 긁어서 안구에 상처가 나는 경우도 있습니다.

 ## 원인이 뭐예요?

- 눈을 긁다가 생긴 출혈이나 외상 ●각막염 ●결막염 등

 ## 무엇을 조심해야 하죠?

고양이는 눈이 신경 쓰이면 세게 긁거나 문지릅니다. 그 결과 발톱으로 눈에 상처를 입히거나 발톱 안의 잡균이 눈에 들어가서 결막염이나 각막염을 일으키기도 합니다. 눈에 뭔가 거슬리는 듯한 행동을 보인다면 눈 주위를 자세히 살펴봅시다.

 ## 응급처치 어떻게 하죠?

눈 부근을 신경 쓰면서 세게 긁으면 즉시 응급처치를 합시다. 고양이를 살짝 안고 거즈나 탈지면 등을 미지근한 물에 적셔서 부드럽게 닦아 줍니다. 눈 부근을 만지는 것을 싫어하는 고양이도 있습니다. 고양이가 몸부림을 치거나 도망가려고 하면 세탁망에 넣은 뒤 응급처치를 시행합니다.

🐾 더 알아보기

준비해 두면 좋은 구급 용품

크고 두꺼운 종이

크고 두꺼운 종이를 이용해서 엘리자베스 카라의 대용품을 만들 수 있습니다. 큰 원형으로 종이를 자르고 중심에 고양이 목 둘레에 맞추어 원을 도려냅니다. 목도리를 두르듯이 고양이 목 주위에 둘러 주면 엘리자베스 카라가 완성됩니다.

고양이 영양학

비타민B₁ 부족을 조심하세요

고양이가 생선을 너무 많이 먹으면 비타민B₁이 파괴된다고 합니다. B₁이 부족해지면 금세 피곤해지고 우울한 증상 등이 나타납니다. 균형 잡힌 식사로 예방할 수 있으니 평소 고양이의 먹이에 신경을 써 주세요.

만약 출혈이 많다면 상처 부위를 수건이나 거즈로 압박하여 지혈한 뒤 즉시 병원에 데리고 갑니다.

상처 부위를 닦아 주었다면 긁은 눈과 같은 쪽 앞발 발톱에 붕대를 살짝 감거나 *엘리자베스 카라를 씌워서 눈을 긁지 못하도록 하는 것이 좋습니다. 이렇게 하면, 점막에 염증이 생기는 결막염이나, 각막을 다쳐서 발생하는 각막염을 막을 수 있습니다.

응급처치가 끝나면 즉시 병원으로 옮기고 수의사에게 어떠한 응급처치를 했는지 자세히 설명합시다.

눈에 뭔가 거슬려하는 원인으로는 눈곱이나 티끌, 질병 등 여러 가지를 예상해 볼 수 있습니다. 눈 주위를 유심히 살펴보고 더 상처가 나지 않도록 예방해 주는 것이 중요합니다.

*엘리자베스 카라 – 상처 부위의 보호를 위해 목 주위에 씌우는 깔때기 모양의 보호 도구.

한줄정보 질병으로 인해 눈을 긁는 것일 수도 있으니 수의사와 상담하세요.

눈에 이물이 들어갔어요

눈에 질병을 일으킬지도 몰라요

눈을 비비고, 크게 혹은 가늘게 뜨거나, 눈물을 흘리거나, 빨갛게 충혈되면 당황하지 말고 응급처치를 해 줍시다.

원인이 뭐예요?

● 이물이 들어가서 눈물이 나온다 ● 눈 충혈 ● 결막염
● 각막염 등

무엇을 조심해야 하죠?

이물이 눈 안에 들어가면 고양이가 눈을 비비거나 긁게 됩니다. 눈이 부어오르고 눈물을 많이 흘리고 안구가 빨갛게 되기도 합니다. 또한 결막염이나 각막염 등을 일으킬 때도 있으므로 즉시 응급처치를 시작합시다.

응급처치 어떻게 하죠?

고양이가 눈을 자꾸 만지면 먼저 고양이를 달래고 조심스레 안아서 눈을 살펴봅시다. 이물이 들어갔을지도 모릅니다.

작은 티끌이나 잡초 등이 잘 들어가며 눈 안에 이물이 들어갔다 하더라도 즉시 제거하는 것은 삼가는 것이 좋습니다. 오히려 각막에 상처를 입히거나 경우에 따라서는 실명할 수도 있기 때문입니다.

🐾 더 알아보기

준비해 두면 좋은 구급 용품

간식

주인이 고양이의 상태를 살피려 해도 자꾸 도망을 쳐서 잡을 수 없을 때가 있습니다. 그럴 때 고양이가 좋아하는 간식이 있으면 고양이의 관심을 끄는 데 도움이 됩니다. 하지만 간식을 너무 많이 주면 비만이 될 수도 있으므로 주의하세요.

고양이 영양학

고양이 사료 – 건조형

수분이 적고 단단한 건사료는 영양 균형이 잘 잡힌 먹이입니다. 또한 보존성이 좋아서 오랜 시간 집을 비우는 가정에 추천합니다. 통조림보다 저렴해서 경제적으로도 좋습니다.

또한 고양이가 눈을 비비거나 긁다가 발톱에 있는 잡균이 눈에 들어갈 수도 있습니다. 이 때는 이물이 들어간 눈과 같은 쪽 앞발의 발톱에 붕대를 살짝 감아서 눈을 긁지 못하게 해야 합니다. 그래도 고양이가 계속 만지려고 한다면 엘리자베스 카라를 씌우는 것을 고려해 봅시다(127쪽 참조). 고양이가 눈을 문지르다가 눈 안의 점막에 염증이 생겨서 결막염이 되거나 각막을 다쳐서 각막염을 일으키는 경우도 있습니다.

응급처치가 끝나면 즉시 병원에 데리고 갑시다. 만약 눈 안의 이물이 무엇인지 알면 수의사에게 말하세요. 조기 치료로 이어집니다.

고양이는 눈 안에 이물이 들어가는 사고가 거의 없습니다. 하지만 밖을 자유롭게 돌아다니는 고양이는 잡초 등이 얼굴 주위에 붙었다가 눈 안으로 들어가는 경우도 있습니다. 고양이가 산책에서 돌아오면 이상이 없는지 확인해 주세요.

한줄정보 눈은 매우 중요한 감각기관이므로 신속한 대응이 필요해요.

눈에 비눗물이 들어갔어요

눈은 섬세한 기관이에요

목욕할 때 물에 젖는 것이 싫어서 몸부림치다가 비눗물이나 더러운 물이 눈에 들어갈 수가 있으니 주의하세요.

원인이 뭐예요?

● 비눗물이나 더러운 물이 눈에 들어가서 충혈 ● 결막염
● 각막염 등

무엇을 조심해야 하죠?

물을 싫어하는 고양이는 목욕할 때 몸부림을 쳐서 비눗물이나 더러워진 물이 눈에 들어갈 수도 있습니다.

눈의 점막을 상처 입혀서 염증이 일어나 결막염이 되거나, 신경쓰여서 눈을 만지다가 각막염이 될 수도 있으므로 빨리 응급처치를 해야 합니다.

응급처치 어떻게 하죠?

비눗물이나 더러운 물이 눈에 들어가면 고양이는 눈에 강한 통증을 느낍니다. 점차 눈이 빨개지고 눈에 이물감을 느낀 고양이가 눈을 문지르다가 눈에 상처를 입혀 각막염이 되는 경우도 있습니다.

또한 비눗물이나 더러운 물이 눈의 점막에 상처를 입혀서 염증이 생겨 결막염이 되는 경우도 있습니다. 샴푸 등이 눈에 들어갔다면

🐾 더 알아보기

준비해 두면 좋은 구급 용품

유성 안약

고양이의 눈은 섬세합니다. 목욕을 시키기 전에 유성 안약을 눈에 넣어 주면 눈을 보호하는 효과가 있습니다. 유성 안약은 수의사와 상담하여 병원에서 처방 받도록 합시다.

고양이 영양학

고양이 사료 – 통조림형

통조림 타입 먹이에는 닭고기나 소고기, 채소를 섞은 것 등 여러 종류가 시판되고 있습니다. 수분이 많이 포함되어 있어서 실제로 고양이에게 흡수되는 영양분은 적습니다. 건사료와 섞어 주는 것도 좋은 방법입니다.

거즈나 탈지면을 미지근한 물에 적셔서 부드럽게 닦아 줍시다.

충혈이 심하거나 눈을 뜨지 못할 때는 수의사의 치료가 필요하니 즉시 병원에 데려갑시다. 또, 목욕을 시킨 뒤에는 눈에 염증이나 상처가 없더라도 당분간 방심하지 말고 주의 깊게 상태를 살펴봅시다. 시간이 어느 정도 흐른 후에 눈을 문지르거나 긁는 일도 있습니다.

고양이는 원래 깨끗한 것을 좋아하는 동물입니다. 틈만 나면 자신의 몸을 깨끗하게 구석구석 핥으므로 털이 짧은 고양이는 억지로 목욕을 시키지 않아도 괜찮습니다. 하지만 털이 긴 고양이는 한 달에 한 번 정도는 목욕을 시키는 것이 좋습니다. 목욕을 시키기 전에는 먼저 부드럽게 빗질을 해 주세요.

목욕하는 습관은 고양이가 어릴 때부터 들이도록 합시다. 고양이는 원래 물에 젖는 것을 싫어해서 다 큰 후에 갑자기 목욕을 시키려고 하면 몸부림을 쳐서 상당히 애를 먹게 됩니다.

목욕하다가 귀에 물이 들어갔어요

귀에 질병을 일으킬 수도 있어요

고양이 귓속의 외이도는 L자형으로 구부러져 있어서 목욕하다가 물이 들어가면 잘 나오지 않아서 질병을 일으키기도 합니다.

원인이 뭐예요?

● 비눗물이나 더러운 물이 원인인 외이염 등

무엇을 조심해야 하죠?

목욕을 할 때 귓속에 물이 들어가서 외이염을 일으키는 경우가 있습니다. 또한 증상이 악화되어 중이염을 발병시키기도 합니다. 목욕할 때는 귀에 물이 들어가지 않도록 주의해 주세요.

응급처치 어떻게 하죠?

목욕 중에 고양이의 귀에 물이 들어갔다면 즉시 휴지나 솜 등을 사용해서 수분을 닦아 줍니다.

귓속을 절대 물로 씻으면 안 됩니다. 고양이의 외이도는 'L'자형으로 구부러져 있어서 물이 들어가면 잘 나오지 않기 때문입니다. 또한 귓속에 들어간 물이 외이염을 일으킬 수도 있습니다.

더 알아보기

준비해 두면 좋은 구급 용품

귀마개용 솜

고양이를 목욕시킬 때는 솜으로 귀를 막아 두면 좋습니다. 도중에 솜이 빠졌을 때를 대비하여 조금 넉넉하게 준비해 두세요. 목욕으로 귀에 발생하는 문제를 미연에 방지할 수 있으니 꼭 해 보세요.

고양이 영양학

고양이 사료 – 반건조형

반건조형은 통조림에 비해 수분은 적으면서도 건조형과 마찬가지로 영양 균형이 뛰어납니다. 고양이가 나이가 들면서 단단한 먹이를 먹기 힘들어한다면 반건조형을 추천합니다.

귀에 물이 들어가면 고양이는 머리와 몸을 탈탈 흔들어서 물을 밖으로 내보내려고 합니다. 계속 그런 행동을 한다면 물이 고막까지 들어갔을 가능성도 있습니다. 중이염을 일으킬 수도 있으므로 즉시 병원에 데려갑시다.

외이염을 내버려 두면 중이염을 발병시킬 수도 있습니다. 귀도 눈과 마찬가지로 섬세한 기관이므로 목욕을 시킬 때 세심한 주의가 필요합니다.

목욕을 시키기 전에는 항상 귓속을 관찰합시다. 붓거나 짓물러 있거나 이상한 냄새가 날 때는 목욕으로 귀질환을 악화시킬 수도 있으므로 목욕을 자제합시다. 그리고 목욕을 시킨 뒤에는 항상 휴지나 솜 등으로 귓속을 깨끗하게 손질해 줍시다. 이때 귀의 상태도 함께 점검합니다. 이렇게 관리하면 목욕 시 발생하는 문제를 방지할 수 있습니다.

귀 관리는 수시로 해 줍시다. 이렇게 평소에 점검해 주면 귀의 질병을 조기에 발견할 수 있습니다.

연기를 마셨어요

즉시 신선한 공기를 마시게 하세요

연기를 마시고 중독되는 경우가 있습니다. 기운이 없어지고, 비틀거리며 걷거나 호흡을 힘들어한다면 무언가에 중독된 것은 아닌지 의심해 보세요.

원인이 뭐예요?

● 모기향이나 화재 등의 연기에 의한 중독 등

무엇을 조심해야 하죠?

기운이 없어지거나, 눈을 자주 깜박이거나, 비틀거리며 걷거나, 괴로운 듯한 호흡이 계속되는 등의 증상이 나타납니다. 수의사의 적절한 처치가 필요하므로 즉시 병원에 데려갑시다. 호흡이나 심장이 정지했을 때는 즉시 응급처치가 필요합니다.

응급처치 어떻게 하죠?

연기를 마시는 사고는 모기향 연기를 마시거나 우연히 화재 현장에 있다가 마시는 등의 상황에서 일어납니다.

고양이가 의식이 있다면 즉시 공기가 신선한 곳으로 이동시킵니다. 그리고 거즈나 탈지면 등을 미지근한 물에 적셔서 고양이의 눈을 부드럽게 닦아 준 뒤 즉시 병원에 데리고 가서 수의사의 지시에 따르세요.

🐾 더 알아보기

준비해 두면 좋은 구급 용품

고양이용 수건

비치 타올 정도 크기의 수건이 있으면 편리합니다. 고양이가 매우 흥분해서 손을 댈 수 없을 때 위에서 수건을 가만히 덮어서 잡거나 사고나 상처를 입었을 때 고양이를 옮기는 데도 사용할 수 있습니다.

고양이 영양학

가끔은 딱딱한 먹이를 주세요

고양이도 부드러운 먹이만 먹으면 이빨이 약해집니다. 본래 사냥을 하던 고양이들은 생고기를 거의 씹지 않고 삼켰지만, 생활환경이 변하면서 사람과 마찬가지로 이빨의 질병이 늘어났습니다. 가끔은 건사료를 주는 등 식생활 관리에 신경 써 주세요.

고양이가 의식이 없다면 공기가 신선한 곳으로 이동시키고 고양이의 가슴에 귀를 대서 심장 소리를 확인합니다. 심장이 뛰고 있다면 세탁망에 고양이를 넣어 바로 병원에 데리고 가세요. 의식이 돌아온 고양이가 깜짝 놀라서 날뛰어도 진정시킨 뒤 즉시 수의사의 치료를 받을 수 있습니다. 심장이 뛰지 않는다면 최대한 빨리 병원으로 옮기면서 고양이의 가슴 부근을 누르면 다시 심장이 뛰는 경우도 있습니다.

한편, 연기에 의한 중독 상태 외에 기관지염, 폐렴 등 호흡기질환일 가능성도 있습니다. 평소에 고양이를 잘 보살피면 빨리 알아차리거나 막을 수 있는 사고입니다. 방 안에 고양이가 지나다닐 수 있는 틈새를 만들어 주거나 수시로 방 안의 공기를 환기하는 등 생활환경을 재점검하는 것이 중요합니다.

한줄정보　잇몸이 어두운 보라색이나 붉은색이 되었다면 중독을 의심하세요.

경련을 일으켜요

원인이 매우 다양해요

갑자기 경련을 일으키는 경우가 있습니다. 당황하지 말고 상태를 살핍시다. 경련으로 죽는 경우는 많지 않습니다.

원인이 뭐예요?

- 간질 ● 심장질환 ● 뇌질환 ● 중독 ● 기생충증
- 저혈당 증후군 ● 스트레스 등

무엇을 조심해야 하죠?

간질, 심장질환, 뇌질환 외에도 중독이나 회충 등의 기생충증, 저혈당 증후군, 정신적인 스트레스 등 경련을 일으키는 원인은 다양합니다. 원인을 밝혀내는 것은 매우 어렵지만 원인인 질병을 치료하면 경련은 일어나지 않습니다.

응급처치 어떻게 하죠?

고양이는 경련을 일으키기 직전에 안절부절못하며 갑자기 울거나 침을 흘리고 몸을 떠는 등의 증상을 보입니다. 이때 고양이의 몸에 섣불리 손을 대면 흥분한 고양이가 물 수도 있으므로 고양이를 만지지 말고 상태를 관찰해 주세요.

더 알아보기

준비해 두면 좋은 구급 용품

고양이용 매트

예상치 못한 사고로 고양이를 안을 수도 없을 때가 있습니다. 고양이용 매트는 그럴 때 매우 유용하게 쓰입니다. 축 늘어진 고양이 밑에 살짝 깔고 그대로 고양이를 매트에 감싸서 병원 등에 데려갈 수 있습니다.

고양이 영양학

하루에 필요한 칼로리는?

건강한 성묘가 하루에 필요로 하는 에너지(칼로리)는 체중당 80kcal라고 합니다. 생후 1~3개월의 새끼 고양이는 체중당 250kcal, 생후 3~10개월은 체중당 130kcal, 임신 중인 고양이는 체중당 100kcal, 노령이 되면 체중당 70kcal 정도를 기준으로 주면 됩니다.

경련이 진정 된 후에도 여전히 의식이 없다면 즉시 가슴에 귀를 대고 심장이 뛰고 있는지를 확인합시다. 심장이 뛰지 않는다면 병원으로 직행해 주세요(135쪽 참조). 만약 경련이 멈추지 않는다면 즉시 수의사에게 연락을 취해 지시에 따르세요. 병원에 데리고 갈 때는 세탁망에 고양이를 넣고 큰 수건으로 감싸는 것이 좋습니다.

경련을 일으키는 원인은 간질이나 심장질환, 뇌질환, 약물이나 수은, 제초제 등에 의한 중독, 회충 등의 기생충증 등 매우 다양합니다. 그중에서도 저혈당 증후군은 젖을 먹지 못해 영양 상태가 좋지 못한 새끼 고양이나 당뇨병 치료로 인슐린 주사를 너무 많이 맞은 고양이 등에서 볼 수 있는 증상입니다. 포도당을 주사하여 혈당치를 올리면 됩니다.

경련 후에는 잠시 안정을 취하게 합니다. 겁을 주거나 깜짝 놀라는 일이 없도록 조심해 주세요.

더워서 쓰러졌어요

즉시 몸을 식혀 주세요

뜨거운 햇볕이나 열풍에 장시간 노출되거나 고온의 장소에 갇히게 되면 일사병이나 열사병에 걸립니다. 주인의 부주의로 일어나는 사고입니다.

 ## 원인이 뭐예요?

● 일사병 ● 열사병 등

 ## 무엇을 조심해야 하죠?

장시간 고양이가 햇볕에 노출되거나 자동차 안이나 고온의 장소에 갇혔을 때 일어납니다. 몸이 뜨거워져서 괴로운 듯 헐떡이거나 침을 질질 흘리며, 호흡이 지나치게 가빠지고 체온이 급격히 올라갑니다. 경련 등을 동반하여 목숨을 잃을 수도 있습니다.

 ## 응급처치 어떻게 하죠?

즉시 고양이를 시원한 장소나 그늘로 옮깁니다. 그리고 차가운 물에 적신 수건 등을 고양이의 몸에 걸치거나 선풍기를 쐬어 주는 등 체온을 평열까지 내려가게 합니다. 고양이의 평열은 38도 전후입니다. 이때 체온이 지나치게 내려가지 않도록 주의하세요. 냉수로 열을 식히는 동안 얼음 주머니를 준비합시다. 그리고 이것을 몸에 대 주

 ### 더 알아보기

준비해 두면 좋은 구급 용품

얼음 주머니

냉장고 안에 얼음 주머니를 항상 준비해 둡시다. 고양이가 일사병이나 열사병을 일으키는 등 예기치 못한 사고가 발생했을 때 도움이 됩니다. 얼음 주머니는 사람도 유용하게 사용할 수 있습니다.

고양이 영양학

맛보다 냄새로 결정하세요

고양이의 후각은 사람보다 발달한 한편, 고양이의 미각은 사람만큼 발달하여 있지 않아서 맛에 둔감합니다. 즉 먹을 수 있는지, 맛있는지를 냄새로 판단하는 것입니다. 한마디로 미각치라 할 수 있습니다. 따라서 고양이의 먹이는 맛보다 냄새를 기준으로 결정하는 것이 좋습니다.

면서 즉시 병원으로 옮깁니다. 중태인 경우가 많으므로 최대한 빨리 전문적인 치료를 시작해야 합니다.

고양이는 집에서 가장 시원한 장소나 따뜻한 장소를 알고 있습니다. 따라서 이러한 사고가 일어나는 일은 굉장히 드뭅니다. 하지만 주인의 부주의로 이러한 사고가 간혹 일어납니다. 더운 여름날에 자동차 안이나 밀폐된 방에 고양이를 넣어 두었다가 잊어버려서 일어납니다.

일사병이나 열사병을 일으키지 않도록 평소에 고양이의 건강관리에 신경 쓰고 고양이가 생활하는 실내의 창문을 열어서 자주 환기를 시켜 주는 것이 좋습니다. 또한 항상 깨끗한 물을 준비하여 언제든지 신선한 물을 마실 수 있는 환경을 만들어 주는 것도 중요합니다.

또한 최근에는 실내의 냉난방 설치가 너무 잘 되어 있어서 오히려 이로 인한 사고도 간혹 일어납니다. 고양이는 스스로 실내 온도를 조절하지 못합니다. 너무 덥거나 춥지 않게 충분히 신경 써 주세요.

화상을 입었어요

상태가 급변할지도 몰라요

부엌이나 욕실, 난로 주변 등 일상생활에서 일어나는 사고입니다. 불이나 뜨거운 것을 사용할 때는 충분히 주의를 기울이세요.

 ## 원인이 뭐예요?

- 부엌에서 장난을 치다가 뜨거운 물이나 기름에 의한 화상
- 난로에 의한 화상
- 욕조 위에서 떨어져서 뜨거운 물에 의한 전신 화상 등

 ## 무엇을 조심해야 하죠?

부분 화상은 피부의 상해 정도에 따라 3단계로 나뉩니다. 제1도(홍반성 화상)는 피부가 붉어지고 조금 붓는 정도, 제2도(수포성 화상)는 피부 깊은 곳까지 부어서 통증이 있는 정도, 제3도(괴사성 화상)는 피부부터 근육까지 손상된 것으로 털이 쉽게 빠져 버립니다.

 ## 응급처치 어떻게 하죠?

즉시 화상 상태를 확인하세요. 가벼운 화상은 상처를 깨끗하게 하는 것이 중요합니다. 자극이 없는 소독액을 사용하여 즉시 상처를 소독하고 열을 식혀 주세요. 이때 바르는 약이나 거즈 등을 사용하지 말고 식히기만 하는 것이 좋습니다. 화상을 입은 피부가 벗겨질 수도 있기 때문입니다.

🐾 더 알아보기

준비해 두면 좋은 구급 용품

오래 사용하여 낡은 천

오래 사용하여 낡은 거즈 소재의 손수건이나 쓸모없는 천 등은 버리지 말고 보관해 둡시다. 고양이를 위해 거즈나 붕대로 사용할 수 있습니다. 애완동물을 위해서 새로운 물품을 구매하는 즐거움도 있지만, 주위에 있는 것을 재활용하면 경제적입니다.

고양이 영양학

하루에 식사 횟수는?

보통 성묘는 대체로 하루에 2번, 새끼는 하루에 3~4번 먹습니다. 임신한 고양이나 수유 중인 어미 고양이에게도 하루에 3~4번 줍시다. 나이가 들면 고양이의 상태에 따라 먹이의 횟수를 줄이는 것도 좋습니다. 먹이를 주는 시간은 가정의 식사 시간에 맞추는 것이 좋습니다.

고양이가 화상 입은 부분을 아파하거나 부어오른다면 거즈 등으로 환부를 덮고 즉시 병원으로 데려갑시다.

화상을 입은 범위가 몸 표면의 50% 이상에 이르면 고양이에게 쇼크 증상 등이 나타납니다. 호흡이 가빠지고 피부색이 변한다면 중증 화상입니다. 화상을 입은 부분에 거즈 등을 대고 거즈가 움직이지 않도록 부드러운 천을 감은 뒤 서둘러 병원에 데려가서 전문적인 치료를 받아야 합니다.

화상은 사고가 일어나고 2~3일 지나야 어느 정도의 화상인지 정확히 알 수 있습니다. 사고 당시에는 심각하지 않아 보여도 시간이 지난 후 환부의 피부가 벗겨지는 경우도 있습니다. 따라서 화상을 입으면 당분간 안정을 취하게 해야 합니다. 그리고 되도록 빨리 병원에서 치료를 받도록 합시다.

또한, 전기장판에 저온화상을 입는 경우도 있으므로 겨울철에는 더 주의해야 합니다.

화학약품을 만졌어요

무엇을 만졌는지 확인하세요

가정에서 기르는 고양이는 가정에서 사용하는 세정제나 페인트 등에 의해, 공장 등에서 기르는 고양이는 황산이나 염산 같은 화학약품에 의해 화상을 입을 수 있습니다.

 ## 원인이 뭐예요?

- 가정에 있는 화학약품에 의한 화상
- 공장 등에서 취급하는 황산이나 염산, 가성소다(수산화나트륨)에 의한 화상 등

 ## 무엇을 조심해야 하죠?

가정에서 사용되는 세정제나 페인트, 황산이나 염산 등의 화학약품을 만지면 고양이의 발바닥이나 피부에 심한 손상을 입습니다. 또한 고양이는 몸을 자주 핥아서 몸에 묻은 독극물을 먹고 중독 증상을 일으킬 가능성도 있습니다. 고양이의 몸에서 이상한 냄새가 나면 의심해 보세요.

 ## 응급처치 어떻게 하죠?

고양이의 몸에서 화학약품 냄새가 난다면 우선 원인을 알아내야 합니다. 고양이 주위에 세제 등이 넘어져 있거나 약품이 어질러져 있을 수도 있습니다.

어떤 물질인지 알아내면 즉시 고양이의 몸을 비누나 샴푸 등으로 씻어 냅니다. 최대한 자극이 적은 비누를 사용해서 냄새가 나지 않

🐾 더 알아보기

준비해 두면 좋은 구급 용품

항생제가 들어 있는 연고

바르는 약의 종류는 매우 다양합니다. 그중에서도 항생 물질이 들어 있는 연고는 만일을 대비해서 구비해 두는 것이 좋습니다. 주치 수의사와 상담하여 처방 받은 것을 사용하는 것이 좋습니다.

고양이 영양학

이유기인 새끼의 먹이는?

생후 3~4주의 이유기에는 아침, 점심, 저녁, 밤으로 하루 4번 먹이가 필요합니다. 이 유식은 고양이용 우유에 생선이나 닭가슴살 등을 갈아서 섞어 주고 점차 우유의 양을 줄여 갑니다. 생후 2개월이 지나면 이유식을 중단하고 식사 횟수도 줄여 갑니다.

을 때까지 충분히 거품을 내어 씻기고 헹궈 주세요. 화학약품 냄새가 없어지면 즉시 몸을 말린 뒤 병원에 데려가서 수의사의 진찰을 받습니다.

어떤 것인지 모르는 경우에는 비누나 샴푸 등으로 씻어내 버리면 수의사가 치료하기 어려워질 수도 있으므로 수건 등으로 몸을 감싸고 그대로 병원에 데려갑시다. 약품에 따라서 주인도 상해를 입을 수 있으므로 주의해야 합니다.

고양이가 화학약품을 핥아서 중독을 일으킬 수도 있습니다. 몸에 묻은 약품을 핥지 못하게 신경 써 주세요.

이 사고도 주인이 평소에 주의한다면 막을 수 있습니다. 이러한 화학약품은 고양이의 손이 닿지 않는 곳에 숨겨서 보관하거나 고양이가 이러한 위험물에 접근하지 못하도록 대처를 해 놔야 합니다(106쪽 참조). 작은 배려가 큰 사고를 막습니다.

동상에 걸렸어요

귀나 꼬리부터 살피세요

고양이가 추운 곳에 장시간 방치되면 동상에 걸릴 수도 있습니다. 주인의 부주의로 일어나는 사고이므로 주의하세요.

 ## 원인이 뭐예요?

●동상 등

 ## 무엇을 조심해야 하죠?

겨울철 혹한 속에 고양이가 밖에서 장시간 동안 방치되거나 눈이나 빙판 위를 오래 걸어도 동상에 걸릴 수 있습니다. 특히 털이 거의 없거나 혈액순환이 잘되지 않는 귀나 꼬리 등이 동상에 걸리기 쉽습니다. 동상에 걸리면 처음에는 피부가 푸르스름해지고 점차 붉거나 검은빛을 띠게 됩니다.

 ## 응급처치 어떻게 하죠?

고양이 곁에 다가가서 상태를 살피고 안아서 따뜻한 곳이나 실내로 이동시킵니다. 몸을 녹이면서 고양이의 몸을 충분히 살펴봅시다. 귀나 꼬리, 팔꿈치나 발바닥 등 털이 적은 부분은 동상에 걸리기 쉽습니다.

만약 동상에 걸렸다면 그 부분의 혈액순환을 회복시키기 위한 처

🐾 더 알아보기

준비해 두면 좋은 구급 용품
탕파

고양이의 몸을 따뜻하게 할 때 *탕파가 있으면 편리합니다. 물론 페트병이나 빈 병 등으로 대용할 수 있습니다. 탕파를 사용할 때는 저온화상을 입지 않도록 수건 등의 천으로 감싸 줍시다.

*탕파 – 통에 더운물을 넣어 잠자리 등을 따뜻하게 하는 난방 기구.

고양이 영양학

이유기가 지난 새끼 고양이의 먹이는?

생후 2개월이 되면 먹이의 횟수를 줄입니다. 생후 3개월이 되면 밤 식사를, 생후 6개월 이 되면 점심을 없애 아침저녁 2회로 만듭니다. 이 시기에 고양이용 사료 이외의 간식과 같은 맛있는 것을 먹이면 입이 까다로워지므로 새끼 고양이용 혹은 성장기용 먹이를 주 도록 합시다.

치를 합시다. 따뜻하다고 느껴질 정도의 미지근한 물에 적신 수건으로 동상에 걸린 부분을 따뜻하게 해 줍니다. 피부색도 자세히 관찰합시다. 만약 어두운 붉은색이 되었다면 괴사를 일으켰을 가능성도 있습니다.

또한 동상의 증상이 심하면 꼬리나 귀 끝이 잘릴 수도 있습니다. 최대한 빨리 병원에 데리 고 가서 전문적인 치료를 받도록 합시다. 병원에 데리고 갈 때는 세탁망에 고양이를 넣는 것 을 잊지 마세요.

고양이는 동상에 잘 걸리지 않는다고 합니다. 하지만 새끼나 나이가 든 고양이 혹은 심장 질환이 있거나 심장의 기능이 약해 혈액순환이 잘되지 않는 고양이를 실수로 밖에 방치했다 가 동상에 걸리는 경우가 있습니다. 추운 지방에서 고양이를 기르거나 고양이와 함께 추운 지역에 갈 때에는 고양이의 상태에 주의를 기울이세요.

끈적이는 게 붙었어요

억지로 떼어 내면 피부에 상처가 나요

쥐나 바퀴벌레 등을 잡기 위한 끈끈한 시트가 몸에 붙어 떨어지지 않을 때가 있습니다. 당황하지 말고 응급처치를 합시다.

 ## 원인이 뭐예요?

- 쥐나 바퀴벌레를 잡기 위한 끈끈이가 들러붙음
- 테이프, 풀, 접착제가 들러붙음 등

 ## 무엇을 조심해야 하죠?

쥐 끈끈이 등을 실수로 만지거나, 풀이나 접착제 등을 만지작거리다가 내용물이 나와서 고양이의 몸에 들러붙는 경우가 있습니다. 고양이가 핥거나 긁으면 더욱 넓게 퍼져서 떼어 내려고 해도 떨어지지 않게 됩니다.

 ## 응급처치 어떻게 하죠?

끈끈이 등이 고양이의 몸에 붙으면 먼저 고양이를 살피며 붙은 물질의 상태를 확인합시다. 쉽게 떼어 낼 수 있을 것 같다면 접착 물질을 천천히 떼어 냅니다. 끈적끈적한 부분에 밀가루나 식용유 등을 묻히면 더 이상 끈적거리지 않아져서 떼어 내기 쉬워집니다.

떼어 내지 못한 부분은 가위 등을 이용해서 털을 잘라 냅니다. 이

 ### 더 알아보기

준비해 두면 좋은 구급 용품

식용유

고양이의 몸에 접착 물질이 붙었을 때 가정에 있는 밀가루 등으로 끈적함을 어느 정도 완화시킨 뒤 식용유 등을 사용해서 떼어 냅시다. 마지막에 중성세제 등으로 씻어 내면 대체로 떨어집니다.

고양이 영양학

다 큰 고양이의 먹이는?

고양이는 태어나서 1년이 지나면 어엿한 어른이 됩니다. 성장기에 먹이던 먹이를 계속 급여하면 비만이 될 위험이 있으므로 먹이를 바꿔 줍시다. 너무 살이 찐 것 같을 때는 다이어트용 먹이도 있으니 바꾸어 주는 것도 고려해 보세요.

때 잘못하면 피부까지 자를 수도 있으므로 각별히 주의해야 합니다.

고양이가 놀라서 몸부림을 치거나 도망가는 경우도 있습니다. 세탁망에 고양이를 넣은 뒤 망의 입구를 조금 열고 손을 넣어 조심스럽게 떼어 냅시다.

고양이가 가위에 겁을 먹고 거부해서 접착 물질을 떼어 내지 못하는 경우도 있습니다. 이때 무리하게 떼어 내지 말고 수의사에게 도움을 받으세요.

털이 아닌 피부에 붙었을 때는 억지로 떼다가 피부에 상처가 날 수도 있습니다. 이 경우에도 병원에 데리고 가서 수의사의 처치를 받읍시다.

끈끈한 시트나 테이프류, 풀이나 접착제 등을 고양이의 손이 닿지 않는 곳에 두면 사고를 막을 수 있습니다. 최고의 예방은 평소 생활 습관을 돌아보는 것입니다.

물에 빠졌어요

응급처치를 해 주세요

고양이는 물을 싫어하지만 헤엄은 칠 수 있습니다. 하지만 잠깐 사이에 예기치 못한 사고가 발생할 수 있습니다.

원인이 뭐예요?

● 집 안의 욕조에 빠졌다 ● 강이나 연못에 빠졌다 등

무엇을 조심해야 하죠?

고양이는 물을 싫어하기 때문에 자진해서 물에 들어가려고는 하지 않습니다. 하지만 실수로 강이나 연못, 욕조 등에 빠지는 경우가 있습니다. 고양이는 공황 상태가 되어 눈 깜짝할 새에 물에 빠집니다. 이 사고는 수심이 깊은 곳뿐만 아니라 얕은 곳에서도 일어납니다. 즉시 구조하고 응급처치를 시작합시다.

응급처치 어떻게 하죠?

강이나 연못에 빠졌다면 먼저 고양이의 이름을 부릅시다. 주인 곁으로 고양이가 가까이 오면 뜰채(물고기를 건지기 위한 망) 등을 사용하여 고양이를 구조합니다.

물에 빠지고 바로 구조하지 못하면 물을 마시거나 폐까지 물이 차서 매우 위험해집니다.

🐾 더 알아보기

준비해 두면 좋은 구급 용품

밧줄

고양이와 함께 놀러 가서 예상 밖의 사고가 일어났을 때 의외로 밧줄이 큰 도움이 됩니다. 작게 말면 휴대도 간편해서 큰 짐이 되지도 않습니다. 리드줄이 끊겼을 때도 유용합니다.

고양이 영양학

임신한 고양이의 먹이는?

임신 3주째 정도부터 점차 먹이 양을 늘립니다. 새끼 고양이용 먹이 등 칼로리가 높은 것을 주도록 합시다. 수정일로부터 60일 전후로 분만하게 되며 임신 초기에는 평소의 1.5배의 먹이를 먹습니다. 한편, 분만이 임박하면 갑자기 식욕이 떨어집니다.

고양이를 물에서 건져 내면 수건 등으로 감싸서 따뜻하게 하고 그대로 머리를 낮추어 물을 토하기 쉽게 해 주세요. 물을 토해 내면 고양이의 호흡을 확인합시다. 또한, 가슴 부근에 귀를 대고 심장이 뛰고 있는지도 서둘러 확인합니다. 심장이 뛰고 있다면 물에 젖은 몸을 말리고 즉시 병원에 데려갑시다. 만약 심장 소리가 들리지 않는다면 고양이의 가슴 부근을 누르면서 병원으로 직행하세요. 가슴의 압박으로 심장의 운동을 도울 수도 있습니다.

물에서 고양이를 건져 낸 뒤 별 이상이 없어 보여도 폐렴 등에 걸리는 경우도 있으므로 일단 병원에서 진찰을 받는 것이 좋습니다.

한편, 욕조에 빠졌다면 뜨거운 물에 화상을 입었을 수도 있습니다(140쪽 참조). 몸을 식히는 등 응급처치를 하고 즉시 수의사의 진찰을 받읍시다.

물에 빠지고 나서는 한동안 안정을 시킵니다. 걱정스러운 부분이 있다면 수의사와 상담하고 검사를 받아 보는 것이 좋습니다.

차멀미를 해요

잠깐 차를 세우고 안정을 취하게 하세요

차멀미는 사람 뿐만 아니라 고양이에게도 일어납니다. 고양이에게 이상이 나타나면 잠깐 차를 세우고 안정을 취하게 하세요.

 ## 원인이 뭐예요?

●침 흘림 ●기운이 없어진다 ●구토 등

 ## 무엇을 조심해야 하죠?

자동차를 타고 멀미가 나면 고양이의 상태가 이상해지면서 침을 흘리거나 기운이 없어집니다. 어떨 때는 먹은 것을 토하거나 똥을 누고 싶어 하는 경우도 있습니다. 차멀미의 원인은 차의 진동 외에도 배기가스의 냄새가 원인인 경우도 있습니다.

 ## 응급처치 어떻게 하죠?

고양이를 자동차에 태우면 거품 같은 침을 질질 흘리고 구역질을 하거나 실제로 먹은 것을 토하거나 똥을 마려워 하고 기운이 없어지는 등의 증상이 가끔 나타납니다. 운전 중에 고양이의 상태가 이상해 보이면 잠깐 차를 세우고 고양이의 몸 상태를 살펴봅시다.

속이 안 좋아서 먹은 것을 토하는 경우도 있지만, 차멀미가 원인

🐾 더 알아보기

준비해 두면 좋은 구급 용품

배변 시트

고양이와 함께 이동할 때 배변 시트를 가지고 가면 편리합니다. 부피가 큰 물품도 아니므로 고양이가 갑자기 토하거나 대소변을 볼 때 등 유용하게 사용할 수 있습니다.

고양이 영양학

나이 든 고양이의 먹이는?

7~8살이 넘으면 고양이는 노령을 맞게 됩니다. 이때부터 먹이를 노령 고양이용이나 다이어트용으로 바꿔 줍니다. 또한 비만이 되지 않도록 식생활을 개선하지 않으면 큰 질병으로 발전할 가능성이 높아집니다. 10살이 넘으면 몸 여러 곳의 기능이 약해지고 운동 능력도 쇠퇴하므로 특히 주의해 주세요.

이라면 다른 질병을 걱정할 필요는 없습니다. 당분간 안정을 취하게 하고 상태를 지켜봅시다. 하지만 심하게 구토를 하거나 계속 괴로워한다면 차멀미 이외의 질병에 걸린 것일지도 모릅니다. 상태가 심각하다면 병원에 데리고 가서 진찰을 받아 봅시다.

고양이가 기운을 되찾은 듯하면 다시 운전을 해 봅니다. 평소와 다름없이 활기찬 모습이면 다행이지만 목적지에 도착하면 즉시 자동차에서 내려 주도록 합시다.

만약 다시 고양이가 기운이 없어지면 차를 세우고 고양이의 상태를 살핍시다. 차멀미를 하는 고양이는 평소에 차에 태우는 시간을 조금씩 늘리면서 익숙해지게 합시다. 먹이는 적어도 차에 태우기 2~3시간 전에 평소의 1/4 정도만 줍니다.

고양이는 원래 흔들림에 강한 동물입니다. 하지만 자동차 진동에 멀미하는 고양이도 있습니다. 차멀미가 심해 보인다면 차로 이동하지 않을 방법을 생각해 보세요.

고양이의 시선에서 생활환경을 개선합시다

고양이는 발치부터 오를 수 있는 모든 곳을 생활공간으로, 보다 입체적으로 인지합니다. 따라서 높은 곳에 올라가지 못하게 하거나, 높은 곳에서 물건이 떨어지지 않도록 생활환경을 개선해 주면 사고나 부상을 줄일 수 있습니다.

① 항상 청결하게 유지하세요

실내에서 기르는 고양이는 집 안이 생활공간의 전부입니다. 항상 깨끗하게 해 주면 고양이도 쾌적하게 생활할 수 있습니다. 또 여기저기 고양이 털이 날리면 건강에도 좋지 않으니 수시로 청소하세요.

② 꺼낸 물건은 바로 치우세요

당연한 일이지만 항상 어지른 것을 정리하는 습관을 들입시다. 특히 고양이가 흥미를 보일 만한 물건이나 위험한 물건은 꺼내 놓은 채 방치하면 안 돼요.

③ 불이나 물 주변은 특히 주의하세요

부엌이나 욕실, 화장실 등 불이나 물로 인한 사고가 일어나기 쉬운 장소는 특히 주의하세요. 주인의 작은 부주의로 고양이는 목숨을 잃을 수도 있습니다. 소중한 반려동물을 기르고 있다는 자각이 중요합니다.

④ 통풍을 자주 시키세요

고양이는 실내에서도 얼마든지 쾌적하게 생활할 수 있는 동물입니다. 하지만 그렇다고 집 안에만 두면 열사병에 걸릴 수도 있습니다. 여름철에는 통풍을 자주 시켜서 실내가 한증막이 되지 않도록 신경 써 주세요.

⑤ 빠져나갈 길을 만들어 두세요

고양이는 무리를 짓지 않고 밤에 활동하는 습성이 있습니다. 언제나 자유롭게 돌아다닐 수 있도록 통로를 만들어 주면 고양이의 생활이 더욱 쾌적해집니다. 고양이용 문을 만들어 주는 방법 등을 생각해 보세요.

⑥ 고양이와 함께 지내고 있다는 자각을 잊지 마세요

고양이가 있는 생활에 익숙해지면 고양이와 함께 지내고 있다는 자각이 없어지기 쉽습니다. 고양이가 쾌적하게 지낼 수 있도록 평소 생활을 다시 돌아보는 것이 중요합니다. 한편, 고양이 알레르기가 있는 사람도 있습니다. 즉시 병원에서 상담하세요.

제 4 장

나이, 성별에 따른 질병들

그때그때 달라요

토해요·설사해요

작은 변화에도 민감해요

새끼 고양이는 이유기에 특히 구토나 설사를 자주 합니다. 어미가 먹는 성묘용 먹이를 먹고 소화불량을 일으키는 경우도 있습니다.

원인이 뭐예요?

- 기생충증 ● 세균성 질환 ● 고양이 바이러스 감염증
- 먹이에 의한 소화불량 등

증상의 특징은?

병이 있거나 먹이에 문제가 있어서 복부가 부풀고 식욕이 없어집니다. 갑자기 설사를 하며 탈수를 일으키는 경우에는 체온이 저하되어 사망에 이르기도 합니다.

어떻게 하면 나을까요?

모유나 분유에서 이유식으로 바꾼 새끼가 토하거나 설사를 하면 우선 모유나 분유를 다시 먹여 봅니다. 체온이 내려갔다면 몸을 따뜻하게 해 줍니다. 식욕이 있다면 조금씩 이유식을 먹여 보세요. 새끼 고양이는 성묘에 비해 소화흡수능력이 아직 제대로 발달해 있지 않습니다. 식생활에 주의를 기울이면 예방할 수 있으므로 먹이에 충분히 신경을 써 주세요.

🐾 더 알아보기

생활 속 고양이 이미지

고양이는 신이었다?

옛날 일본에서는 고양이가 임신이나 출산의 상징으로 여겨졌습니다. 또한 쥐를 먹고 야행성인 특징에서 밤의 수호신으로도 여겨졌습니다.

한편, 이집트에서는 고양이를 숭배하는 벽화 등이 발굴되고 있습니다.

새끼 고양이 더 알아보기

혼자 있는 걸 싫어해요

고양이는 본래 혼자 있는 것을 좋아하지만 어릴 때는 다릅니다. 2~6마리가 동시에 태어나서 형제들과 모유를 쟁탈하기 위해 싸우거나 놀면서 사회성과 살아가는 방법 등을 배우게 됩니다. 새끼 고양이는 외롭게 혼자 두면 안 됩니다.

평소와 똑같은 먹이를 주고 있는데 이러한 증상이 나타난다면 언제, 무엇을, 몇 번 정도 토하거나 설사를 했는지 떠올려 봅시다. 만약 이런 증상이 한 번에 그쳤다면 어느 정도 상태를 지켜보고 특별히 문제가 없어 보인다면 걱정하지 않아도 괜찮습니다. 하지만 혈액이나 점액 등이 토사물이나 변에 섞여 있다면 즉시 병원에 데리고 가야 합니다. 병에 걸린 것일 수도 있습니다.

고양이 바이러스 감염증으로 구토나 설사를 하는 경우도 있으며 토사물에 회충 등의 기생충이 섞여 있는 경우도 있습니다. 수의사의 지시에 따라 병원에서 치료합시다.

한편, 이유기의 새끼 고양이는 이유가 제대로 이루어지지 않거나 갑자기 성묘용 먹이로 바꾸면 구토나 설사를 하는 경우가 있습니다. 갑자기 성묘용 먹이로 바꾸지 말고 이유식을 거쳐서 성묘용 먹이로 서서히 바꾸도록 합시다. 모유나 분유에서 이유식으로 바꿀 때에도 고양이의 상태를 보면서 천천히 바꾸도록 하세요.

의사 선생님의 조언

초봄이나 초가을 등 환절기에는 기후 변화가 심해서 고양이의 몸에 이상이 생기기 쉽습니다. 평소 건강관리에 충분히 주의합시다. 또한 식생활에도 주의를 기울이세요. 모유나 분유의 양, 횟수, 시간 등을 정확하게 정해서 주는 것이 좋습니다.

한줄정보 어미가 있다면 어미의 먹이를 같이 먹으면서 자연스럽게 이유를 시작할 수 있어요.

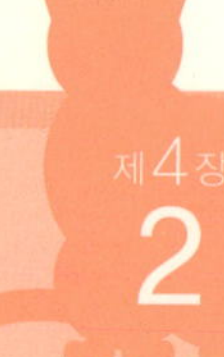

열이 나요

수분을 충분히 공급해 주세요

몸을 움직이지 않는데도 몸이 뜨거거나 식욕도 없이 축 늘어져 있을 때는 질병을 의심해 봅시다.

원인이 뭐예요?

● 위장염 ● 고양이 바이러스 감염증 ● 호흡기질환 ● 폐렴
● 중독 ● 일사병 등

증상의 특징은?

열이 오르고 식욕이 감퇴하고 축 늘어집니다. 또한 기침이나 재채기, 설사를 동반하기도 합니다. 질병이 의심되므로 상태를 보고 즉시 병원에 데리고 갑시다.

어떻게 하면 나을까요?

몸을 만져 보고 열이 나는 것 같다면 즉시 열을 재 봅시다. 먼저 체온계 끝에 랩을 감아 살짝 물에 적신 뒤에 항문에 살살 넣어 봅니다. 체온계의 수치가 멈추면 조심스럽게 뺍니다. 이때 열을 재는 사람과 고양이가 움직이지 못하게 잡아 주는 사람이 있으면 좋습니다. 고양이의 평열은 38도 전후입니다.

새끼 고양이 더 알아보기

주인은 엄마?

고양이는 스스로 먹이를 잡을 수 있게 되면 어른이 됩니다. 하지만 집에서 기르는 고양이는 계속 주인에게 먹이를 받아먹습니다. 즉 애완 고양이는 시간이 지나도 어른이 되지 못하는 아이와 같다고 생각해야 합니다.

위장염으로 인해 탈수 증상을 보이거나 열이 날 수도 있습니다. 즉시 병원에 데리고 가서 수의사에게 진찰을 받읍시다.

발열과 동시에 재채기나 비염 등의 증상도 보인다면 고양이 바이러스 감염증일 가능성이 있습니다. 고양이 바이러스성 비기관지염이나 고양이 칼리시 바이러스 감염증 등을 병발시켜 호흡기질환에 걸릴 수도 있습니다. 고양이 바이러스 감염증 중에는 백신으로 예방할 수 있는 것도 있으므로 잊지 말고 예방접종을 합시다(24쪽 참조).

또한, 고양이 바이러스나 기생충 등으로 인해 폐렴에 걸렸을 가능성도 있습니다. 기생충 종류에 따라 구충제도 달라지므로 수의사에게 검사를 받고 즉시 치료를 시작합시다.

새끼 고양이는 대부분의 시간을 잠을 자며 보내지만 어떤 약물이나 이물을 먹어서 중독 증상이 나타난 것일 수도 있습니다. 발열 외에 구토나 설사 증상도 나타나므로 고양이의 생활환경을 재점검해 보세요.

2
열이 나요

의사 선생님의 조언

열이 높아지면 고양이는 식욕이 없어집니다. 처치 시기를 놓칠 수도 있으므로 고열이 계속될 때에는 서둘러 병원에 데리고 가는 것이 좋습니다.

기운이 없어요

원인을 꼼꼼히 따져 보세요

• 새끼 고양이의 질병 •

새끼 고양이는 대부분의 시간을 자면서 보내지만 깨어 있을 때도 기운이 없다면 질병이 있을 가능성이 있습니다.

원인이 뭐예요?

● 스트레스 ● 고양이 바이러스 감염증 ● 기생충증 ● 외상
● 상처 ● 모유를 먹지 못한다 등

증상의 특징은?

원인은 질병 외에 잠을 잘 자지 못하거나 스트레스를 받았기 때문일 수 있습니다. 또, 모유 경쟁에서 밀려 모유를 먹지 못해서 힘이 없는 경우도 있습니다. 더 나아가 식욕이 없어지거나 변이 묽어지는 등의 증상이 나타나기도 합니다.

어떻게 하면 나을까요?

평소 생활을 돌아봅시다. 고양이가 귀엽다고 너무 오래 데리고 노는 건 아닌가요? 혹은 자고 있는데 깨우는 등 생활 리듬을 방해하지는 않았나요? 새끼 고양이는 젖을 먹거나, 어미가 몸을 핥아 주거나, 대소변을 볼 때 이외의 시간에는 대부분 자고 있습니다. 너무 많이 만지거나 자는 것을 방해하면 기운이 없어지면서 식욕도 없어지고

🐾 더 알아보기

생활 속 고양이 이미지

우화 속의 고양이는 신비로워요

고양이가 많은 지역에는 고양이와 얽힌 민화가 있기 마련입니다. 그리스 작가 이솝의 우화에 나오는 사람으로 변신하는 고양이 이야기도 그중 하나입니다. 일본 민화에도 비슷한 이야기가 있습니다. 어느 나라에서나 고양이는 신비로운 이미지가 있는 것 같습니다.

변이 묽어지는 등 이상 증상이 나타납니다. 또한 어미 고양이가 모유가 나오지 않거나 수유를 거부하면 기운이 딸릴 수도 있으니 주의하세요.

바이러스나 기생충증에 감염되면 설사나 구토, 기침이나 콧물 등의 증상이 나타나는 경우도 있습니다. 이러한 증상이 심할 때에는 즉시 병원에 데리고 가서 치료를 시작해 주세요.

한편 부상이나 외상을 입어서 기운이 없어 보이는 경우도 있습니다. 형제들과 놀 때 부상이나 외상이 없는지 점검해 봅시다.

고양이는 한 번에 2~6마리의 새끼를 낳습니다. 형제가 많다 보니 어미 젖이 모자라 모유를 먹지 못해서 기운이 없어지기도 합니다. 수유 중에는 고양이의 상태를 꼼꼼히 관찰해 줍시다.

또한 평소 생활을 돌아보고 고양이가 지내기 쉬운 환경을 만들어 줍시다. 고양이를 가만히 내버려 두는 것도 배려의 하나입니다.

원인 없이 갑자기 기운이나 식욕이 없어진다면 즉시 병원에 데리고 가세요. 급성 질병일 가능성도 있습니다.

새끼 고양이는 어른보다 환경의 변화에 민감해서 사소한 일로도 질병의 증상이 악화될 수 있습니다. 주의하세요.

콧물을 흘려요

만성이 되지 않도록 주의하세요

콧물이 나오는 증상은 고양이 바이러스 감염증이 원인인 경우가 대부분입니다. 고양이의 상태를 보면서 모유나 분유, 이유식 등을 조절하고 만성이 되지 않도록 조기에 치료하는 것이 중요합니다.

 ## 원인이 뭐예요?

- 고양이 바이러스 감염증 ● 세균성 질환 ● 부비강염
- 알레르기성 비염 등

 ## 증상의 특징은?

고양이 바이러스 감염증이나 세균성 질환, 코질환 등으로 인해 콧물이나 재채기가 나옵니다. 또한 알레르기 증상으로 환절기에 콧물이나 기침이 나오는 경우도 있습니다. 어떤 경우라도 조기에 수의사와 상담하는 것이 좋습니다.

 ## 어떻게 하면 나을까요?

고양이 바이러스 감염증이나 세균감염이 원인인 경우도 있습니다 (46쪽 참조). 고양이 바이러스 감염증은 백신으로 예방할 수 있는 것도 있으므로(24쪽 참조) 예방접종을 하도록 합시다. 또한, 세균에 의한 감염은 생활 속에서 예방할 수 있으므로 화장실을 청결하게 유지하고 항상 깨끗한 물을 주는 등 생활환경을 신경 써 주세요.

새끼 고양이 더 알아보기

그 자리에서 혼내세요

만약 화장실이 아닌 곳에서 대소변을 봤을 때는 그 자리에서 즉시 '안 돼!' 하고 혼을 내야 합니다. 시간이 지난 뒤 혼을 내면 고양이는 기억하지 못하기 때문입니다. 한 번 나쁜 버릇이 생기면 고치기 어려우니 주의하세요.

부비강염은 콧물 외에 식욕부진 등의 증상도 나타납니다. 수의사와 상담하여 조기에 치료를 시작합시다. 질병이 개선되면 식욕도 돌아옵니다.

이 밖에 알레르기 증상으로 콧물이 날 수도 있습니다. 환절기에 잘 생기며 먼지, 진드기, 꽃가루 등에 의해서 알레르기성 비염이 될 수도 있습니다. 알레르겐 검사를 통해 알레르기의 원인을 아는 방법도 있으니 검사를 받아 보세요.

새끼 고양이는 질병에 걸리면 체력이 상당히 떨어집니다. 내버려 두면 다른 질병을 병발할 가능성도 있으므로 체력 회복에 힘쓰도록 합시다. 모유나 분유, 이유식 등을 잘 챙겨 주고 평소에 신경 써서 건강관리를 해 주는 것이 중요합니다.

 **의사 선생님의 조언**

건강한 고양이는 코가 촉촉합니다. 콧물인 줄 알았는데 아닌 경우도 있으니 먼저 고양이를 잘 관찰합시다.

또한 호흡기가 진균에 감염되어 재채기나 콧물을 일으키는 경우도 있습니다. 콧물을 추출해서 원인을 검사하는 방법이 있습니다.

한줄정보 물같이 흐르는 콧물은 감기 초기 증상일 가능성이 높아요.

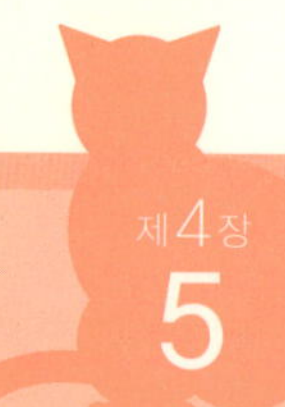

똥을 싸요

타르 상태(검고 끈적한)

변은 건강의 척도입니다

● 새끼 고양이의 질병 ●

건강해도 변이 자주 물러질 수 있지만, 흑갈색의 걸쭉한 타르 상태의 변을 보는 것은 건강에 이상이 있다는 신호입니다.

원인이 뭐예요?

● 고양이 바이러스 감염증 ● 기생충증 ● 위장염 ● 식중독 등

증상의 특징은?

타르 상태의 변은 어떤 질병으로 인한 것입니다. 고양이 바이러스 감염증이나 기생충증, 위장염이나 식중독도 예상됩니다. 때로는 피가 섞인 변을 보기도 합니다.

어떻게 하면 나을까요?

고양이 바이러스 감염증이라면 고양이 범백혈구 감소증이 예상됩니다. 파보바이러스가 원인으로 열이 나고 구토, 설사 등의 증상도 나타납니다. 어미에게 감염되기도 하며 백신으로 예방할 수 있으므로 반드시 예방접종을 하도록 합니다.

기생충 중에서 구충도 어미로부터 감염됩니다. 피부 감염이나 기

🐾 더 알아보기

생활 속 고양이 이미지

동화 속의 고양이들

동화 속 고양이는 장난을 좋아하는 캐릭터로 18~19세기경에 등장했습니다. 「피노키오의 모험」에서 고양이는 사람의 위선적 행위의 상징으로 등장했습니다. 또 「이상한 나라의 앨리스」의 체서 고양이도 대표적인 고양이 캐릭터 중 하나입니다.

새끼 고양이 더 알아보기

주인과 놀고 싶어 해요

고양이가 어릴 때는 혼자 놀기보다 누군가와 함께 노는 것을 좋아합니다. 처음에는 혼자 놀다가도 싫증이 나서 주인과 놀고 싶어 합니다. 주인과 장난을 치며 놀면서 인간과의 신뢰 관계도 깊어지게 됩니다.

생충이 있는 음식을 통해 감염되며 냄새가 심한 타르 상태의 변이나 피가 섞인 변을 봅니다. 구충제를 먹이면 쉽게 기생충을 퇴치할 수 있습니다. 즉시 병원에 데리고 가서 검사합시다.

위장염 중에는 위나 장 등의 소화관의 점막에서 출혈을 일으켜서 타르 상태의 변을 보기도 합니다. 질병을 치료하면 증상이 호전되므로 즉시 병원에 데리고 가세요.

또한 식중독으로 인한 설사 증상으로 타르 상태의 설사를 하기도 합니다. 평소 식생활을 돌아보고 동시에 중독을 일으킬 만한 것을 먹지는 않았는지 확인합시다. 또한 세제나 페인트 등 가정에 있는 화학약품은 고양이의 손이 닿지 않는 곳에 두는 것이 중요합니다.

변과 관련된 문제는 자주 일어납니다. 그러려니 하고 그냥 내버려 두면 탈수 증상을 일으켜 위험해질 수도 있습니다. 평소와 다른 변을 본다면 즉시 수의사와 상담합시다. 질병의 조기 치료로 이어질 수 있습니다.

의사 선생님의 조언

새끼 고양이는 체력이 약합니다. 평소와 상태가 다르거나 변 상태가 조금만 이상해도 즉시 병원에서 진찰을 받는 것이 좋습니다.

변은 건강의 척도입니다. 건강할 때의 변을 자주 관찰하고 상태가 좋은 변을 보면 먹이를 한동안 바꾸지 않는 것이 좋습니다.

한줄정보　평소에 먹던 우유를 바꿀 때는 조금씩 천천히 바꿔 주세요.

호흡이 거칠어요

몸에 이상이 있다는 증거예요

새끼는 어른에 비해 호흡이 빠른 편이지만 호흡이 거칠어지는 것은 어떤 질병에 걸려 몸 상태가 나빠졌기 때문입니다.

원인이 뭐예요?

●발열 ●폐렴 ●기관지염 ●횡격막헤르니아 ●호흡기질환
●선천성 심장질환 ● *농흉

*농흉 – 가슴 고름. 폐가 들어 있는 가슴 주머니인 흉막강에 화농성 염증이 일어나 고름이 고인 상태.

증상의 특징은?

배가 쑥 들어간 채 빠르고 얕게 숨을 크게 들이쉬며 필사적으로 호흡합니다. 횡격막헤르니아는 몸을 움직이면 호흡이 거칠어집니다. 폐렴이나 기관지염 등이 원인일 때는 쌕쌕거리며 괴로운 듯이 숨을 쉽니다.

어떻게 하면 나을까요?

우선 호흡 방식을 관찰합시다. 갑자기 헥헥거리며 호흡하기 시작한다면 열이 없는지, 아파하는 곳은 없는지, 몸을 움직였을 때 호흡이 거칠어지는지 등의 상태를 살펴봅니다. 열이 있는 것 같다면 체온을 재 봅시다(156쪽 참조).

또한 실내 온도가 너무 높을 때나 열사병 증상이 나타날 때도 호

새끼 고양이 더 알아보기

씹는 것이 서툴러요

호기심이 강한 새끼 고양이에게는 모든 것이 놀이 도구가 됩니다. 새끼 고양이는 씹는 것이 서투릅니다. 잘게 씹을 수 있는 것이나 삼킬 위험이 있는 것은 가까이 못 하게 하고, 감촉이 부드러운 것으로 놀게 합시다.

흡이 거칠어지므로 실내 온도에도 주의를 기울입시다.

호흡 상태가 괴로워 보이면 기관지염이나 폐렴을 예상할 수 있습니다. 경우에 따라서는 인공호흡 등의 응급처치를 시행해야 할 수도 있습니다. 기관지염은 생활 습관을 돌아보고 먼지나 진드기 제거에 신경 쓰도록 합시다.

또한 새끼 고양이가 무언가에 의해 물리적인 충격을 받으면 교통사고를 당했을 때 많이 발생하는 횡격막헤르니아가 일어나기도 합니다. 이는 횡격막이 찢어져서 장이 심장이나 폐 쪽으로 깊숙이 들어가 호흡이 힘들어지는 것입니다. 짐작 가는 사고가 있다면 즉시 병원에 가서 치료를 받읍시다.

또한 흉강 안에 고름이 차는 농흉으로 호흡이 거칠어지는 경우도 있습니다.

이처럼 호흡이 거칠어지는 증상에는 여러 가지 원인이 있습니다. 어떤 질병이 원인인지 알기 어려우므로 수의사와 상담하는 것이 좋습니다. 큰 질병이 되기 전에 조기 치료를 하는 것이 중요합니다.

 **의사 선생님의 조언**

선천적인 심장질환이 원인인 경우도 있습니다. 운동 시에 호흡곤란이 와서 움직이려고 하지 않게 되며 이 경우 잇몸이나 혀가 적보라색을 띠기도 합니다. 입 안을 관찰하고 의심이 된다면 수의사와 상담합시다.

한줄정보 스트레스가 원인일 수도 있으니 신경 써 주세요.

모유를 먹지 않아요

어딘가 이상이 있을지도 몰라요

새끼 고양이의 질병

갓 태어난 새끼가 모유를 먹지 않는 것은 모유를 먹을 수 없는 환경에 처해 있거나 정신적 또는 육체적으로 이상이 있다는 신호입니다.

원인이 뭐예요?

● 어미의 문제 ● 생활환경의 문제 ● 선천성 질환 등

증상의 특징은?

새끼 고양이가 모유를 먹지 않는 것은 새끼가 아닌 어미나 형제에게 원인이 있는 경우도 있습니다. 초유는 새끼 고양이에게 매우 중요합니다. 잘 살펴보고 빨리 원인을 해결해 줍시다.

어떻게 하면 나을까요?

새끼 고양이는 태어나서 1주일까지는 2~3시간 간격으로, 2~3주째까지는 3~5시간 간격으로 모유를 먹습니다. 초유를 먹으면 어미가 가진 질병에 대한 면역력을 물려받을 수 있습니다.

어미의 모유가 잘 나오지 않는 경우도 있습니다. 출산으로 인한 체력 소모가 원인일 수도 있으므로 어미의 영양을 생각해서 먹이의

🐾 더 알아보기

생활 속 고양이 이미지

고양이를 좋아하는 작가들

19세기에 들어와서 문학 작품에 고양이가 등장하게 되었습니다. '에드거 앨런 포'의 「검은 고양이」가 대표적이라 할 수 있습니다. 고양이를 좋아하는 작가로는 미국의 '마크 트웨인', 러시아의 '푸시킨'이나 '체호프' 등이 있습니다.

새끼 고양이 더 알아보기

그냥 내버려 두세요

새끼 고양이는 대부분의 시간을 자면서 보냅니다. 잠을 못 자면 수면 부족으로 인해 몸 상태가 나빠지고 구토나 설사 등의 증상을 보이기도 합니다. 주변 환경에 적응할 때까지는 새끼 고양이의 생활 습관을 어지럽히지 않는 것이 좋습니다.

양과 횟수를 늘려 줍시다. 그리고 부족한 칼슘을 보충하기 위해서 우유나 치즈 등의 유제품과 마른 멸치 등의 작은 생선류를 충분히 먹여 봅시다.

그래도 모유가 나오지 않는다면 주인이 새끼 고양이에게 분유를 먹여야 합니다. 시판되고 있는 고양이용 분유를 사람의 체온 정도로 데워서 먹이세요. 모유에서 분유로 바꿀 때 새끼가 설사를 할 수도 있습니다. 상태를 지켜보고 증상이 심하다면 수의사와 상담하세요.

어미 중에는 전혀 모유를 먹일 생각을 하지 않는 고양이도 있습니다. 이 경우도 주인이 새끼 고양이를 돌봐 주어야 합니다.

한편 새끼 고양이가 미숙아로 태어나서 모유를 빨 힘이 없는 경우도 있습니다. 이럴 땐 숟가락이나 스포이트 등을 사용해서 우유를 먹이며 새끼 고양이를 돌봐 줍시다.

형제가 많아서 경쟁에서 밀려 젖을 물지 못하는 경우도 있습니다. 고양이의 상태를 지켜보고 모유를 먹을 수 있도록 도와주세요.

 ## 의사 선생님의 조언

인공 보육을 할 때는 새끼 고양이의 보온에 신경을 써 줍시다. 또한 우유는 지시된 것보다 연하게 주는 것이 좋습니다. 영양을 생각해서 진하게 타면 고양이가 설사를 할 수도 있습니다.

한줄정보   젖병은 고양이 전용 젖병을 사용하세요.

움직임이 둔해요

노화 증상의 하나예요

● 노령 고양이의 질병 ●

고양이는 10살 전후면 노령이 됩니다. 해가 잘 드는 곳에서 느긋하게 있으려 하고 전신의 노화가 진행되어 움직임이 느려집니다.

원인이 뭐예요?

● 노화에 따른 척추나 관절의 변형 ● 시력 저하 등

증상의 특징은?

나이가 들면 척추나 관절의 변형으로 몸을 움직이는 것을 내키지 않아 하고 귀찮아 합니다. 또한 시력 저하로 움직임이 둔해지는 경우도 있습니다. 불러도 별로 반응을 보이지 않고 항상 빈둥빈둥 시간을 보냅니다. 수의사와 상담하여 몸 상태를 확인해 봅시다.

어떻게 하면 나을까요?

고양이도 나이를 먹을수록 몸을 움직이기 싫어하거나 움직임이 둔해집니다. 그리고 수면시간이 점차 길어집니다. 이러한 몸 상태의 변화는 노화에 의한 자연스러운 현상이니 크게 걱정할 필요는 없습니다.

하지만 걸음걸이가 이상하거나 비틀거리며 걷는 등의 증상이 있

노령 고양이 더 알아보기

더 사랑해 주세요

고양이가 나이를 먹으면 주인이 그냥 내버려 두는 경우가 많다고 합니다. 하지만 아무리 나이를 먹어도 고양이는 주인과 놀고 싶거나 어리광을 부리고 싶을 때가 있습니다. 애정을 가지고 고양이와 함께 시간을 보내 주세요. 이것이 장수의 비결입니다.

다면 척추나 관절의 이상을 의심해야 합니다. 염증이나 통증은 약으로 개선될 가능성이 많으므로 수의사와 상담해 봅시다.

시력이 나빠져서 움직임이 둔해졌을지도 모릅니다. 몸에 특별한 이상이 없는 경우에는 눈의 상태를 관찰합시다. 눈이 하얗게 흐려지거나 백내장(52쪽 참조)이 생기는 경우도 있습니다. 즉시 병원에서 검사를 받고 적절한 처치를 받도록 합시다.

고양이가 나이가 들어 잘 움직이지 않게 되었다면 먹이 양을 줄이고 소화가 잘되는 것이나 부드러운 것을 주도록 합시다. 이빨도 노화로 인해 빠지기 때문입니다. 애완용품 가게 등에서 노령 고양이용 먹이도 판매되며 병원 중에서도 취급하는 곳이 있습니다.

움직이기 싫어하는 고양이를 억지로 운동시키면 심장이나 폐에 질병이 생길 수도 있습니다. 고양이가 싫어하는 일은 자제하고 쾌적한 노후를 보낼 수 있도록 생활환경을 만들어 줍시다.

 의사 선생님의 조언

나이가 들면 음식 취향이 변하거나 편식이 심해지는 경우도 있습니다. 다양한 먹이를 시도해 보고 영양 균형을 고려하면서 좋아하는 먹이를 줍시다.

또한 지방이나 염분을 너무 많이 섭취하지 않도록 주의합시다. 비만이나 신장질환 등에 걸리기 쉬워집니다.

종양이 생겼어요

조기 발견이 중요해요

고양이도 나이가 들면 종양이 생기는 경우가 있습니다. 노령 고양이에게 흔한 질병 중 하나이며 조기 치료로 회복할 수도 있습니다.

 ## 원인이 뭐예요?

● 편평상피암 ● 유선종양 등

 ## 증상의 특징은?

편평상피암은 흰색의 털을 가진 고양이에서 자주 보입니다. 귀의 끝부분이나 가장자리가 붉게 긁어서 생긴 상처처럼 됩니다. 또한 유선종양은 중성화수술을 하지 않은 노령의 암컷에게 흔히 보이며 간혹 수컷에게서도 발생합니다.

 ## 어떻게 하면 나을까요?

종양에는 양성과 악성이 있습니다. 악성 종양은 혈액이나 림프조직을 통해 종양 세포가 몸 이곳저곳의 조직으로 전이되는 경우가 있습니다.

종양이 작으면 털에 가려져서 발견이 어려울 때도 있지만, 어느 정도 커지면 쉽게 발견되는 질병입니다. 조기에 발견하면 치료를 일찍 시작할 수 있으므로 평소에 고양이의 몸을 충분히 관찰합시다.

🐾 더 알아보기

생활 속 고양이 이미지

서양미술 속의 고양이 1

서양 역사 속에서 고양이는 환영 받지 못하는 존재였습니다. '최후의 만찬'이나 '수태고지'에 등장하는 고양이는 배신자나 악마의 상징으로 그려져 있습니다. 하지만 18세기 이후부터 점차 가정 내에서 아름다움과 조화를 나타내는 존재로서 고양이가 등장하기 시작했습니다.

노령 고양이 더 알아보기

잠자리를 챙겨 주세요

수면 시간이 늘어나는 노령의 고양이는 따뜻하고 안락한 잠자리가 필요합니다. 시력이 저하되고 뼈도 약해지므로 잠자리는 되도록 낮은 곳이 좋습니다. 고양이가 높은 곳을 좋아한다면 받침대를 준비하거나 장애물을 제거하도록 합시다.

편평상피암에 걸리면 초기에는 피부가 붉어지거나 비듬이 생기고 출혈을 일으킵니다. 종양이 귀에 생기면 귀의 끝부분부터 쥐에게 물린 것같이 떨어져 나가게 됩니다. 치료 방법으로는 귓바퀴를 제거하는 수술이 있습니다. 이 외에도 방사선 치료나 온열 요법 등 다양한 방법이 있으므로 고양이의 상태를 보면서 수의사와 상담합시다. 또한 이 질병은 나이가 많은 고양이에게 많이 나타나며 특이하게도 밖에서 기르는 하얀 털을 가진 고양이에게 많이 발병한다고 합니다.

유선종양은 내버려 두면 급속도로 전이되는 질병입니다. 유방 부근이 크게 부풀거나 피부가 얇아지고 출혈 등이 나타납니다. 식욕부진 등의 증상도 나타납니다. 이 질병도 외과수술 등의 방법으로 치료합니다. 암컷은 중성화수술로 예방할 수 있습니다.

종양은 노화가 진행되면서 발생하는 질병입니다. 예방은 어렵지만 일 년에 한 번씩 건강 검진을 하고 평소에 고양이의 건강을 신경 쓰면 조기에 발견할 수 있습니다.

❾ 종양이 생겼어요

의사 선생님의 조언

종양이라는 질병은 그 말이 지닌 무게에서 풍기는 중압감이 커서 큰 충격을 받는 사람들이 많습니다. 하지만 나이가 많은 고양이에게 흔히 발생하는 질병 중 하나입니다. 먼저 주인이 냉정을 찾고 즉시 병원에 데리고 가서 검사합시다. 조기 발견이 회복의 지름길입니다.

배가 부풀어요

화장실은 잘 가는지 관찰하세요

나이가 들면 배변에 이상이 생기는 경우가 많습니다. 배가 불러오는 것 같다면 먼저 대소변을 잘 보는지 확인해 주세요.

 ### 원인이 뭐예요?

● 신장질환 ● 만성 변비 ● 간경화 ● 복부종양 ● 복막염
● 방광 마비 ● 자궁축농증 등

 ### 증상의 특징은?

고양이를 위에서 봤을 때 옆구리가 불룩하게 나와 있다면 한쪽 배에 손바닥을 대고 반대쪽 배를 손바닥으로 두드립니다. 대고 있던 손바닥에 파동이 전해진다면 복수가 차 있는 상태입니다. 파동이 전해지지 않는다면 다른 질병으로 배가 부푼 것입니다. 복수가 차면 고양이가 고통스러워하기 때문에 복수를 빼 줘야 합니다.

 ### 어떻게 하면 나을까요?

신부전 등의 신장질환이 생기면 소변에 이상이 나타나고 배가 부픕니다(174쪽 참조). 나이 든 고양이에게 많이 보이며 치료에 시간이 걸리는 경우가 많습니다. 끈기 있게 치료해 갑시다.

만성적인 변비는 노령 고양이에게 흔히 나타나는 질병입니다. 식사량 부족, 균형이 깨진 식생활, 운동 부족 등이 원인입니다. 화장실

노령 고양이 더 알아보기

먹는 것이 즐거워요

고양이는 원래 필요한 양의 먹이만 먹는 습관이 있습니다. 하지만 나이가 들면 이러한 습관이 사라지고 배급한 먹이를 전부 먹어 버립니다.

고양이의 기호에 무조건 맞춰 먹이를 주면 치주질환이나 비만 등의 문제가 생기므로 식생활 관리를 철저히 해 줍시다.

에서 변을 보려는 자세를 취해도 변이 나오지 않거나 소량의 딱딱한 변이 나오는 경우가 많으며 점차 식욕이 없어지고 기운도 없어지게 됩니다. 즉시 수의사와 상담하고 변비를 해결하기 위한 처치를 시작합시다.

간경화는 바이러스나 세균 등이 서서히 간세포를 파괴하여 간장 혈관의 변형 및 간기능의 저하를 초래하는 질병입니다. 이 질병은 한 번 걸리면 평생 치료와 관리가 필요합니다. 정기 점진을 하고 균형 잡힌 식생활로 건강한 노후를 보낼 수 있도록 해 줍시다.

복부종양이나 복막염도 복수가 차는 질병입니다. 병원에서 진찰을 받고 즉시 병원 치료를 시작합시다. 또한 고양이 전염성 복막염도 복수가 차는 질병이며 현재로서는 감염된 고양이를 격리시키는 것 외에 예방법이 없습니다.

그 밖에도 방광 마비, 비뇨기질환 등도 예상할 수 있습니다. 항상 건강관리에 주의를 기울입시다.

의사 선생님의 조언

나이가 많은 암컷이라면 자궁축농증도 예상됩니다. 수술로 제거해야 합니다. 수술할 때는 마취를 견딜 수 있는지 혈액검사를 하고 건강 상태를 확인한 뒤에 시행합니다.

한줄정보 중성화수술을 받지 않은 암컷은 나이가 많다 하더라도 임신 가능성도 있어요.

소변에 이상이 생겼어요

끈기를 가지고 치료하세요

● 노령 고양이의 질병 ●

소변 이상은 노령 고양이에게 흔히 나타나는 질병입니다. 치료가 안 되는 경우도 있지만 주인이 신경 써 주면 많은 문제를 해결할 수 있습니다.

 ### 원인이 뭐예요?

● 신장질환 ● 당뇨병 ● 요석증 ● 방광염 ● 근육이나 뼈의 이상
● 요실금 등

 ### 증상의 특징은?

어떤 질병으로 인해 소변의 횟수가 늘거나 전혀 나오지 않을 수도 있습니다. 또 근육이나 뼈에 문제가 생겨서 소변을 조절하지 못하거나 화장실에 가지 못하는 증상이 나타날 수 있습니다.

이러한 소변과 관련된 문제는 나이가 든 고양이에게 많이 나타나는 증상입니다.

 ### 어떻게 하면 나을까요?

신부전 등의 신장질환에 걸리면 초기에는 물을 많이 마시게 되고 소변의 횟수와 양도 증가합니다. 악화되면 체중 감소, 식욕 감퇴, 탈수 증상 등이 나타납니다.

신장질환은 노령 고양이에게 흔한 질병입니다. 완치는 되지 않지만 질병의 진행을 늦출 수는 있습니다. 치료는 식이요법이 주로 사용되지만 고양이가 싫어하는 경우가 있습니다. 직접 먹이를 만들어

🐾 더 알아보기

생활 속 고양이 이미지

서양미술 속의 고양이 2

18세기 이후, 고양이는 아름다움과 조화의 상징으로 서양미술에 등장합니다. '르누아르'는 장난치며 놀기 좋아하고 관능적인 고양이를 다수 그렸으며, 러시아의 시인 '푸시킨'은 사랑하는 고양이의 모습을 연필화로 남기기도 했습니다.

노령 고양이 더 알아보기

장수하게 되었어요

고양이의 수명은 대략 15살 정도입니다. 최근에는 드물지만 20살까지 사는 고양이도 있다고 합니다.

사랑하는 고양이와의 이별을 생각하면 마음이 아프지만 언젠가 이별할 날이 옵니다. 마음의 준비를 하고 고양이와 생활하는 하루하루에 충실해 주세요.

주는 경우에는 수의사와 상담하여 끈기 있게 치료를 해 나갑시다.

고양이는 개와 비교하면 당뇨병이 적습니다. 인슐린 분비 이상이나 비만, 운동 부족으로 발생한다고 하지만 아직 그 원인이 명확하게 밝혀지지는 않았습니다. 물을 많이 마시거나 소변량이 늘거나 자면서 소변을 보는 등의 증상이 나타납니다. 노령이 되면 운동을 하지 않게 되므로 먹이도 칼로리가 낮은 것으로 바꾸는 등의 주의가 필요합니다. 당뇨병 치료는 주인의 경제적인 부담과 수고가 매우 큽니다.

신장이나 요관, 방광이나 요도에 결석이 생기는 요석증의 가능성도 있습니다. 소변이 유백색을 띠고 혼탁해 보이거나 음부에 백색에 가까운 액체가 붙어 있다면 이 질병을 의심할 수 있습니다. 마시는 물을 청결하게 유지하고 영양에 균형이 잡힌 먹이를 주면 예방할 수 있습니다.

한편, 화장실이 아닌 곳에서 소변을 본다면 근육이나 뼈의 이상도 의심할 수 있습니다.

의사 선생님의 조언

고양이의 수명은 사람과 마찬가지로 늘고 있습니다. 사람의 1년은 고양이의 4~6년에 버금간다고 합니다. 자신의 고양이가 지금 몇 살인지 생각하면서 그에 맞는 배려를 해 줍시다. 대체로 5~6살 정도가 되면 점차 체력이 떨어지기 시작합니다.

한줄정보 소변을 못 보는 경우 최대한 빨리 배뇨할 수 있게 해 주지 않으면 목숨을 잃을 수도 있어요.

먹을 때 아파해요

입 안에서 보내는 SOS!

나이가 들면 부드러운 먹이로 바꾸세요.
한편, 간을 한 음식을 너무 많이 주면 치주질환이 생기기 쉬워집니다.

원인이 뭐예요?

● 치육염 ● 치주염 ● 치조농루 ● 구내염 ● 궤양 등

증상의 특징은?

입냄새가 심해지거나 입 주변의 침이 검게 들러붙게 됩니다. 식욕이 있는데도 먹이를 가만히 보고만 있거나 한 입 먹고 극심한 통증을 느끼고 입을 긁어 대고 심하게 날뛰는 등의 증상을 보입니다. 이렇게 한 번 진행되면 완치가 힘들어서 통증이 있을 때마다 치료하면서 고통을 덜어 주는 방법밖에 없습니다.

어떻게 하면 나을까요?

나이가 들면 단단한 먹이는 잘 먹지 않고 부드러운 먹이만 즐겨 먹거나 입맛이 까다로워져서 사람들 밥처럼 간이 밴 먹이를 좋아하게 됩니다.

이러한 먹이는 이빨에 들러붙기 쉬워서 치석이 쌓이게 됩니다. 그러면 치석이 이와 이 사이로 깊숙이 들어가서 잇몸이 부어오르는 치육염이 발생합니다. 감염이 더욱 심해지면 치주염이나 치조농루가

노령 고양이 더 알아보기

죽음을 받아들이세요

사랑하는 고양이와의 이별은 매우 가슴 아픈 일입니다. 주인 중에는 한동안 일이 손에 안 잡히는 사람도 있습니다. 아끼고 사랑하던 소중한 고양이를 잃은 슬픔이 회복되기까지는 상당한 시간이 걸립니다. 마지막까지 슬픔이 가시지 않더라도 마음을 굳게 먹고 죽음을 받아들이지 않으면 안 됩니다.

됩니다(38 · 42쪽 참조).

이러한 질병에 걸리면 이빨의 부식이 눈에 띄게 되고 입냄새가 심해지고, 깨물 때 이빨에 통증을 느끼며, 이빨이 흔들거려서 먹기 어려워져 식욕이 떨어지고 기운이 없어지는 증상이 나타납니다.

또한 구강 점막, 혀나 잇몸에 염증이 발생하는 구내염이나 궤양 등이 생기면 먹고 싶어도 아파서 먹지 못하게 됩니다. 구강질환은 극심한 통증을 수반하므로 평소에 건강관리를 철저히 해 주세요.

이빨이나 입 안의 질병은 노령 고양이에게 매우 흔히 나타나므로 평소 식생활을 다시 돌아봅시다. 고양이가 좋아한다고 좋아하는 먹이만 주는 것은 고양이를 위한 일이 아닙니다. 올바른 애정으로 고양이가 건강하고 평온한 노후생활을 할 수 있게 해 줍시다.

 의사 선생님의 조언

고양이는 통증으로 구내염의 치료를 거부해서 마취를 하지 않으면 치료할 수 없는 경우가 대부분입니다.

최근에는 마취약도 개선되어 마취를 깨우는 약도 있습니다.

한줄정보　치주질환은 내버려 두면 체력이 떨어져서 전신성질환을 가져올 위험도 있어요.

치매 증상을 보여요

주인의 애정 어린 보살핌이 필요해요

수명이 늘어나면서 고양이도 치매 증상이 나타나게 되었습니다. 주인의 협력과 따뜻한 간호가 필요합니다.

 ## 원인이 뭐예요?

● 노령에 따른 치매 증상 ● 스트레스 등

 ## 증상의 특징은?

불러도 반응이 없거나 다가가도 알아채지 못하는 등 귀가 잘 안 들리는 증상 외에도 갑자기 식욕이 왕성해지고, 외출 후 집을 찾아 돌아오지 못하거나 근처를 빙글빙글 도는 경우가 생깁니다. 또, 대소변을 화장실이 아닌 곳에서 보기도 하며, 결국 자리를 보존한 채 일어나지 못하게 됩니다.

 ## 어떻게 하면 나을까요?

귀가 잘 안 들리는 증상 외에 고양이의 상태가 예전과 달라 보이거나 '치매같다.'는 생각이 들면 우선 수의사와 상담해 봅시다. 치매 증상을 개선할 수 있는 방법이 있을 수도 있습니다.

한편 스트레스를 많이 받아도 치매와 비슷한 증상을 보이기도 합니다. 스트레스는 생활 변화가 주요 원인입니다. 예를 들어 항상 사

🐾 더 알아보기

생활 속 고양이 이미지

동양미술 속의 고양이 1

이슬람교의 교주 '마호메트'가 고양이를 아끼고 사랑했다고 하여 이슬람교도는 고양이를 소중히 여겼습니다. 이슬람미술에 고양이가 등장하는 것은 14세기 오스만조부터입니다. 이슬람교의 경전인 코란이나 민화에도 고양이가 그려지게 되었습니다.

노령 고양이 더 알아보기

고양이와의 이별 의식

소중한 고양이가 죽음을 맞았다면 편히 잠들도록 명복을 빌어 주세요. 애완동물 전문 장례 업체 등을 이용하는 방법도 있습니다. 사체의 인수부터 화장, 매장 등을 해 줍니다. 최근에는 애완동물도 가족 무덤에 함께 넣기를 원하는 주인도 있습니다. 잘 알아보고 실행합시다.

용하던 수건이 바뀌거나 잠자리 위치가 바뀌는 등 주변 환경이 바뀌어도 일어날 수 있습니다. 만약 평소와 다른 모습을 보인다면 예전과 같이 돌려 주는 것이 좋습니다.

치매 증상이 진행되면 누운 채 움직이지 못하게 되는 경우가 많습니다.

다른 질병이 원인일 수도 있으므로 즉시 검사를 받아 봅시다. 나이가 많은 고양이는 질병의 진행이 빠르므로 빨리 치료를 시작하지 않으면 목숨을 잃을 수도 있습니다.

치매 증상 중에는 큰 소리로 계속해서 울거나 대소변을 참지 못하고 화장실이 아닌 곳에서 보는 경우가 있습니다. 이 때문에 주인이 신경 써야 하는 부분이 많아집니다. 가족과 서로 상의하여 협력해 가면서 고양이를 간호해 줍시다.

고양이가 쾌적하게 지낼 수 있도록 스트레스가 되지 않는 선에서 생활환경을 개선해 줍시다. 어려움이나 문제가 발생하여 가족끼리 해결할 수 없을 때는 수의사와 상담해 봅시다.

의사 선생님의 조언

자리에서 일어나지 못하게 되면 어깨나 허리 등의 관절에 압박이 가해져서 욕창이 생기는 경우도 있습니다. 수시로 몸의 방향을 바꿔 주세요.

또한 말을 걸거나 팔다리를 마사지해 주는 등 몸 상태를 충분히 신경 써 주세요.

한줄정보 부드러운 매트를 깔아 주면 고양이가 쾌적하게 잘 수 있어요.

상처가 끊이지 않아요

중성화수술을 하면 발정기에도 안심이에요

수컷은 발정기가 되면 암컷을 둘러싸고 싸울 때가 있습니다. 중성화 수술을 하면 암컷의 발정기에 반응하지 않게 됩니다.

원인이 뭐예요?

● 싸움으로 인한 외상 ● 상처 부위의 화농 등

증상의 특징은?

발정기의 암컷을 둘러싸고 수컷들끼리 싸우거나 그 암컷에게 물리는 경우도 있습니다. 피부가 찢겨서 내부 조직이 보이거나 귓바퀴에 상처를 입는 경우도 있습니다.

암컷의 발정기는 연 2~4회 정도 찾아옵니다. 이때마다 수컷은 암컷을 차지하기 위해 다른 수컷들과 경쟁을 벌입니다.

어떻게 하면 나을까요?

생후 8개월 정도가 되면 암컷에게 발정기가 찾아옵니다. 암컷은 연 2~4회 정도 정기적으로 발정기를 맞으며, 수컷은 정해진 발정기가 없고 발정한 암컷에게 자극 받아 발정을 합니다.

이 시기가 되면 수컷은 암컷을 둘러싸고 싸움을 하게 됩니다. 또한 자신의 영역에 세력을 과시하기 위해 여기저기에 스프레이 행위를 합니다.

수컷 더 알아보기

수컷의 성격은?

수컷은 일반적으로 의젓하며 어리광이 많습니다. 활동적이며 때로는 정신없이 뛰어다니기도 합니다. 장난을 좋아해서 놀이 상대로서는 더할 나위 없이 좋습니다. 주인에게 가까이 다가와서 달콤한 목소리로 우는 모습이 매우 사랑스럽습니다.

암컷의 냄새를 맡으면 수컷은 큰 소리로 울부짖습니다. 그리고 그곳에 경쟁자가 나타나면 살벌하게 싸우기도 합니다. 발정기가 되면 고양이가 한동안 돌아오지 않기도 합니다. 그리고 한참 후에 상처투성이가 되어서 돌아오는 경우도 있습니다.

싸움으로 심한 상처를 입고 고양이가 돌아왔다면 상처 부위를 거즈나 수건으로 압박하여 지혈해 줍시다(120쪽 참조). 다른 고양이에게 물리면 물린 상처 부위로 세균이 들어와서 곪는 경우도 있습니다. 표면의 상처는 나아도 내부 상처가 낫지 않으면 볼이 부어서 얼굴이 둥그레지기도 합니다. 일단 부상이 있는 것 같다면 응급처치를 한 뒤 수의사의 진찰을 받는 것이 좋습니다.

또한 병원에 고양이를 데려갈 때에는 세탁망에 넣어 가면 흥분한 고양이가 난폭하게 굴어도 주인이 상처를 입지 않으며 병원에서 치료할 때도 순조롭습니다.

 의사 선생님의 조언

수컷은 중성화수술을 하면 암컷의 발정기에도 반응을 하지 않습니다(188쪽 참조). 따라서 흥분하는 시기가 없어져서 항상 평온하게 지낼 수 있게 됩니다. 발정기에 발생하는 문제가 걱정된다면 중성화수술을 고려해 보세요.

한줄정보   중성화수술은 불행한 고양이를 늘리지 않는 예방 조치이기도 해요.

엉덩이 주변에 종기가 있어요

커질 수도 있어요

• 수컷의 질병 •

엉덩이를 지면에 문지르거나 신경 쓰여 하면 항문 주위의 질병을 의심해 봅시다. 수컷에게 흔히 보이는 질병 중 하나입니다.

원인이 뭐예요?

● 항문낭염 ● 항문 주변의 염증 등

증상의 특징은?

고양이가 엉덩이 부근을 신경 쓰며 지면에 엉덩이를 문지르거나, 자주 핥거나, 꼬리나 엉덩이를 만지려고 하면 싫어하는 등의 증상이 나타납니다. 항문낭염은 내버려 두면 피가 나고 곪은 것이 터져서 고름이 흘러나오기도 합니다.

어떻게 하면 나을까요?

항문낭이란 항문에 있는 분비물을 배출하는 기관입니다(94쪽 참조). 이 기관에 염증이 생기면 고양이가 엉덩이에 불쾌감을 느끼고 불편해합니다. 증상이 악화되면 피가 나거나 곪을 수도 있습니다.

염증을 발견하면 즉시 병원에 데리고 가서 적절한 치료를 해 주세요. 내버려 두면 부기가 커지거나 치료가 어려워질 수도 있습니다.

🐾 더 알아보기

생활 속 고양이 이미지

동양미술 속의 고양이 2

인도나 태국에서는 고양이가 높은 지위나 부를 상징하였기 때문에 동양미술에서는 고양이가 자주 등장합니다. 중국에서는 본래 악령과 관련되어 있다고 여겨졌지만 10세기 이후에는 매우 사실적이고 자유로운 모습으로 그려지게 되었습니다.

수컷 더 알아보기

언제든지 교미할 수 있다?

수컷은 암컷과 달리 정해진 주기에 발정을 하지 않고 언제나 교미할 수 있습니다. 하지만 암컷이 발정하지 않으면 수컷은 교미할 수 없다는 점으로 볼 때, 고양이 세계는 여성이 주도권을 잡고 있다고 생각할 수도 있겠네요.

또한 항문낭이 찢어진 경우 국소 치료와 함께 항생제 투약도 해야 합니다.

항문낭염의 원인은 엉덩이 부근이 위생적이지 못하거나 세균 등에 감염되어서 일어납니다. 엉덩이 부근을 항상 깨끗하게 유지하면 예방할 수 있습니다. 또한 감염이 만성화되어 재발하는 경우 항문낭을 외과적으로 절제하는 방법도 있습니다.

항문 주변에 염증이 일어나면 배변이 힘들어지고 변비에 자주 걸리기도 합니다. 푸른빛을 띤 종양이나 불규칙한 형태의 종기가 생기거나 염증을 일으키고 있다면 되도록 빨리 병원에 데리고 가서 치료를 시작하도록 합시다.

엉덩이에 생기는 질병은 개에게서 자주 보이지만 고양이도 중성화수술을 하지 않은 수컷은 질병에 걸릴 가능성이 있으므로 평소에 충분히 주의를 기울입시다. 눈으로는 보이지 않아도 만져 보면 응어리를 발견할 수 있는 경우도 있으므로 고양이가 싫어하지 않는 한에서 확인해 보는 것도 좋습니다.

 **의사 선생님의 조언**

정기적으로 항문낭을 짜 주면 좋습니다. 이때 악취가 심하므로 비닐장갑을 끼고 휴지 등으로 항문을 완전히 가린 뒤 항문을 쥐듯이 짜 주세요.

항문낭염이 반복된다면 수의사와 상담하여 항문낭을 절제하는 방법도 고려해 봅시다.

한줄정보 고양이는 엉덩이 만지는 것을 싫어합니다. 환부를 확인할 때 다치지 않도록 조심하세요.

수컷의 질병

대소변을 잘 못 봐요

어느 것이 안 나오나요?

대소변을 잘 보지 못하는 질병은 수컷에게 흔히 나타나는 질병입니다. 평소 건강관리에 신경 써 주세요.

원인이 뭐예요?

● 요도염 ● 요석증 ● 전립선염 ● 전립선비대증 등

증상의 특징은?

수컷은 요도염이나 요석증, 전립선염이나 전립선비대증 등의 질병이 생기면 대소변을 잘 보지 못하게 됩니다. 대소변을 보기 위해 오랜 시간 힘을 줘서 다른 질병을 유발하는 경우도 있습니다.

고양이가 화장실에서 힘을 줘도 똥을 못 눈다며 병원에 온 고양이를 진찰해 보면 똥이 아닌 오줌을 못 누고 있는 경우가 많습니다. 무엇이 나오지 않는 것인지 잘 관찰하는 것도 중요합니다.

어떻게 하면 나을까요?

대소변을 보려고 하지만 잘 누지 못할 때가 있습니다.

요도염(88쪽 참조)이나 요석증(90쪽 참조) 등에 걸리면 소변의 통로인 요로가 결석이나 염증으로 폐쇄되어서 소변을 보지 못하게 됩니다. 음부를 청결하게 하고 동시에 신선한 물을 항상 마실 수 있게 해 주는 것이 중요합니다.

수컷 더 알아보기

중성화수술을 추천해요

고양이는 1살이 지나면 어른이 되어 새끼를 만들 수 있게 됩니다. 밖에서 고양이를 기르는 경우 새끼를 바라지 않는다면 중성화수술을 시키는 것이 좋습니다. 원치 않는 출산은 새끼 고양이에게 불행을 초래할 수 있기 때문입니다.

또한 정액을 만드는 기관인 전립선에 염증이 생겨서 똥이 나오지 못하거나, 방광에 영향이 가서 오줌을 못 누는 경우도 있습니다. 그 밖에 발열이나 구토, 식욕부진 등의 증상을 보이기도 합니다.

전립선비대증은 흔한 질병은 아니지만 나이가 많은 수컷에게 나타나는 경우가 있습니다. 수술을 견디지 못하고 합병증을 일으킬 수도 있으므로 배변에 이상을 느꼈다면 수의사와 상담합시다.

비뇨기나 전립선질환은 격심한 통증을 동반합니다. 배변이 되지 않아 아예 화장실에 가지 않는 경우도 있습니다. 이 중 하나라도 질병이 의심된다면 되도록 빨리 병원에 데리고 갑시다. 내버려 두면 합병증을 유발할 수도 있습니다.

 의사 선생님의 조언

수컷은 요도가 좁아 소변이 잘 나오지 않는 등 문제가 발생하기 쉽습니다. 항상 신선한 물을 마실 수 있게 하고 화장실을 청결하게 하는 등 평소에 신경 써 주세요. 또한 대변이 잘 나오는 먹이로 바꿔 주는 것도 좋습니다.

한줄정보   수컷은 정기검진을 받을 때 전립선 검사도 함께 받으세요.

정소가 부었어요

수컷의 질병

가끔 만져서 확인하세요

음경을 신경 쓰며 핥고 있다면 정소질환이 의심됩니다. 부으면 고양이가 통증을 느끼고 만지려고 하면 싫어합니다.

 ## 원인이 뭐예요?

● 싸움으로 인한 외상 ● 음낭염 ● 정소염 ● 정소종양 등

 ## 증상의 특징은?

음낭이나 정소에 염증이 생겨서 부어오르는 경우가 있습니다. 열이나 통증을 수반하며 고양이가 음경을 신경 쓰며 핥거나 걸음걸이가 달라지기도 합니다. 때로는 음낭이 찢어지고 고름이 나오는 경우도 있습니다.

어떻게 하면 나을까요?

음낭염은 싸움 등으로 생긴 외상으로 생기기도 합니다. 또한 정소염은 비교적 드물게 발생하지만, 수컷끼리 싸우다가 물리거나 타박상을 입어 그로 인해 발병할 수도 있습니다. 음낭염이나 정소염 모두 외상을 입기 쉬운 곳에 있으므로 상처가 나면 즉시 치료를 하는 것도 예방 방법의 하나입니다.

🐾 더 알아보기

생활 속 고양이 이미지

일본미술 속의 고양이

일본에서는 고양이가 악령과 연관되어 있다고 여겨졌습니다. 그러나 18세기에 들어오면서 우키요에 화가인 '키타가와 우타마로(喜多川歌麿, 1753~1806)'와 '안도 히로시게(安藤廣重, 1797~1858)'를 중심으로 서양미술에서 볼 수 없는 사실적인 고양이를 그리기 시작했습니다. 특히 '도카이도53역참(東海道五十三次, 1833~1834, 우타가와 히로시게 작품)'에서 많은 고양이를 그렸습니다. 한편, 같은 우키요에 화가인 '우타가와 쿠니요시(歌川國芳, 1797~1861)'는 애묘가로 유명합니다.

더 알아보기

수컷 더 알아보기

아빠 고양이로서의 자각을 가지세요

만약 기를 수 없는 새끼 고양이가 태어났다면 아빠 고양이로서의 책임을 다하기 위해서 주인은 입양처를 찾는 데 협력합시다. 친구나 지인에게 물어보거나 지역 신문 등에 공고를 하고 전단을 뿌리고, 인터넷을 통해서도 찾아봅시다.

정소가 음낭 안으로 내려오지 않은 잠복고환은 겉으로 확인이 안 되어서 화농한 것을 미처 알아채지 못하는 경우가 있습니다. 이러한 질병을 막기 위해 수술로 정소를 적출하는 방법도 있으므로 수의사와 상담해 봅시다. 고양이의 정소는 태어난 후에 음낭 안으로 내려오는데, 생후 4~6주 정도가 지날 때까지 내려오지 않고 손으로 만져지지 않으면 잠복고환일 가능성이 높습니다. 정소가 복강 안이나 서혜부(아랫배와 접한 넓적다리 주변)에 머무른 채 나이가 들면 종양화되기 쉽다고 합니다.

정소가 부어오르고 화농 부위가 넓어지면 열이 나고 식욕이 저하되기도 합니다. 또한 음낭이 신경 쓰여서 계속 핥다가 피부가 찢어지고 고름이 나오는 경우도 있습니다. 이렇게 되면 치료를 하는 데도 더 시간이 걸리게 되므로 질병을 알았다면 되도록 빨리 치료를 시작하는 것이 좋습니다. 조기 치료가 조기 회복으로 이어집니다.

의사 선생님의 조언

잠복고환인 고양이는 수술을 통해 다양한 질병을 예방할 수 있습니다.
만약 수술하지 않는다면 항상 건강에 신경을 써야 합니다. 만약 이상을 느끼면 즉시 수의사와 상담합시다.

한줄정보 음낭은 체온보다 차가워요. 열이 느껴진다면 긴급한 상태일지도 몰라요.

수컷의 중성화수술

중성화수술 하기

마취를 해서 아프지는 않아요

중성화수술은 생후 6개월이 지나면 언제든지 할 수 있습니다. 수술하기로 정했다면 그 전에 해야 할 일이 있으니 알아 두세요.

 수술 전에 해야 할 일

수술은 건강한 상태에서 하도록 합시다. 각종 예방접종을 끝내고 병원에서 건강 상태를 검사 받습니다.

또한 수술 전날부터 먹이나 물의 양을 줄이고 수술 당일은 아무것도 주지 않는 것이 좋습니다. 마취제 부작용으로 수술 중에 구역질이 나서 토하는 경우가 있기 때문입니다. 만약 수술 중 토를 하면 토사물이 기도를 막아 호흡곤란으로 사망할 수 있습니다.

 수술 기간과 비용

수술 시간은 10분 정도입니다. 수술 준비나 마취 시간을 포함하면 30분~1시간 정도 걸립니다. 수술은 마취를 하므로 통증이 없습니다. 병원에 따라서 마취에서 완전히 깰 때까지 입원을 시키는 곳도 있으며 당일 퇴원을 시키는 병원도 있습니다.

비용은 지역이나 병원에 따라서 차이가 있습니다. 여러 곳에 문의해 보는 것도 좋습니다. 일반적으로 암컷보다 적은 비용으로 할 수 있습니다.

수컷 더 알아보기

중성화수술을 한 수컷의 심리는?

수컷이 중성화수술을 하면 외출을 하기보다 얌전하게 집 안에 있는 경우가 많아집니다. 종족 번식에 대한 스트레스에서 벗어나 한가롭고 태평하게 지내게 되는 것입니다. 하지만 그렇게 되면 먹는 것에 즐거움을 느껴 자칫 살이 찌기도 합니다. 그래도 주인은 암컷의 발정기에 걱정이 없어져서 한시름 놓을 수 있습니다.

 # 수술 후 주의점

수술 후에는 수의사의 지시를 받고 충분히 요양을 시켜 주세요.

중성화수술을 하면 쉽게 살이 찌는 경향이 있습니다. 먹이의 양 등을 조절하여 비만이 되지 않도록 신경을 써야 합니다.

 # 중성화수술의 효과

중성화수술을 하면 연 2~4회 찾아오는 암컷의 발정기에도 수컷이 반응하지 않게 됩니다. 발정에 반응하지 않게 되면 싸울 일이 줄어서 고양이가 부상을 당할 위험이 적어지고 외부로 나가는 일이 줄어서 교통사고 등의 위험도 적어집니다.

또한 스프레이(수컷이 소변을 뿌리는 행동) 행위를 시작하기 전에 중성화수술을 하면 대부분이 수컷 특유의 스프레이 행위를 하지 않는다고 합니다.

 ## 의사 선생님의 조언

중성화수술은 수컷 특유의 질병을 예방할 뿐만 아니라 불행한 길고양이를 늘리지 않기 위한 하나의 수단이기도 합니다.

수술하는 것이 불쌍하다고 생각한다면 주인에게 버려지는 고양이들을 떠올려 보세요.

한줄정보　중성화수술이란 정소를 적출하여 그 기능을 불능으로 만드는 수술이에요.

젖이 부었어요

목숨을 잃을 수도 있어요

● 암컷의 질병 ●

임신을 한 것도 아닌데 젖이 부풀어 오른다면 유방 질환이 예상됩니다. 그중에는 생명을 위협하는 질병도 있으므로 조심해야 합니다.

원인이 뭐예요?

● 유선종양 ● 유두염 ● 유방비대증 등

증상의 특징은?

암컷은 임신을 하면 젖이 붓기 시작하여 분만 후에도 그 상태가 이어집니다. 따라서 새끼를 낳았다면 대부분 임신·출산으로 인한 것입니다.

하지만 유선종양이 원인인 경우도 있는데 이 경우 유선에 응어리가 생겨 유두가 붉게 부풀어 오르기도 합니다. 또한, 경우에 따라서는 노란색이나 갈색의 분비물이 나오는 경우도 있습니다.

어떻게 하면 나을까요?

유선종양은 유선이 부어오르거나 응어리가 생기는 증상입니다. 고양이는 개보다 유선종양의 발생률은 낮지만, 개와 비교해서 악성일 확률이 높다고 합니다.

고양이의 유선은 대체로 4개가 대칭으로 되어 있으며 여러 개의 유선이 종양화되는 경우가 많다고 합니다. 젖이 붉게 붓고 열이 날

🐾 더 알아보기

생활 속 고양이 이미지

근대미술 속의 고양이

20세기에 들면서 고양이가 세계적으로 인기를 끌게 되었습니다. 고양이를 사랑한 화가로는 일본의 '후지타 쓰구하루', 독일의 '프란츠 마르크', 스위스의 '파울 클레', 그리고 유명한 팝아티스트 '앤디 워홀' 등을 들 수 있습니다.

암컷 더 알아보기

암컷의 성격은?

암컷은 일반적으로 수컷에 비해 의사 표현이 분명한 편이며 새침한 성격입니다. 수컷보다 차분한 성격이지만 사람을 얼씬도 못 하게 하는 면도 있습니다. 주인에 따라 수컷보다 기르기 쉽다고 하는 사람도 있습니다.

뿐만 아니라 기운이 없어지고 식욕부진을 보이는 등 다른 증상도 보입니다. 이 질병도 다른 질병과 같이 조기 발견, 조기 치료가 중요합니다. 젖 부근에 응어리가 느껴진다면 즉시 수의사와 상담합시다. 또한 유선종양은 여성호르몬과 관계가 있어서 중성화수술을 받으면 어느 정도 예방 효과가 있습니다(196쪽 참조).

유두염은 수유기에 자주 보이는 질병입니다. 모유를 먹는 새끼 고양이의 흡입이나 발톱에 의한 상처, 습진 등이 생기고 유두가 붉게 부어오르며 수유를 하지 않으려고 합니다. 유방염을 병발시키는 경우도 있으니 즉시 병원에 데리고 갑시다.

유방비대증은 모유 수유로 인해 나타나는 붓기가 아니라 호르몬 불균형으로 일어나는 것입니다. 유선이 비대해지고 뜨거워지며 통증을 수반합니다. 유두를 손가락으로 잡으면 적갈색의 분비액이 나오는 경우도 있습니다. 내버려 두면 곪으므로 병원에 데려가서 치료를 받아야 합니다.

의사 선생님의 조언

유선종양은 수술로 종양을 적출해도 재발하는 경우가 많습니다. 치료에 시간이 걸리지만 단념하지 말고 질병에 맞서 싸우도록 합시다.

또한 체력을 높이기 위해 영양가가 높은 먹이로 바꿔 주도록 합시다.

한줄정보 새끼를 기르는 고양이가 수유를 싫어한다면 유방질환의 신호예요.

나와요 음부에서 분비물이

자궁에 이상이 있을지도 몰라요

음부에서 냉이나 혈액, 점액 등이 나오는 증상은 주인이 좀처럼 알아채기 어려운 증상 중 하나입니다. 중성화수술을 하지 않은 암컷은 특히 주의해야 합니다.

 ## 원인이 뭐예요?

● 자궁내막염 ● 자궁축농증 ● 방광염 등

 ## 증상의 특징은?

냉이나 혈액, 점액이나 분비물이 나오는 경우가 있습니다. 기운이 없어지고 식욕이 떨어지며 물을 많이 마시게 되는 등의 증상도 나타납니다. 또한 방광염에 걸리면 분비물 외에도 혈뇨를 보는 등의 증상을 보입니다. 암컷이 음부를 자주 핥는다면 분비물이 나오고 있을 가능성이 있으니 유의하세요.

 ## 어떻게 하면 나을까요?

자궁내막염은 자궁 내막에 염증이 일어나는 질병으로 불임의 원인으로 여겨집니다. 분비물의 양이 늘어나는 등의 증상을 보이지만 주인이 알아채지 못하는 경우가 많다고 합니다. 새끼가 있는 어미는 모유가 잘 안 나오게 되거나 전혀 나오지 않기도 합니다. 급성 자궁내막증은 자궁 내 세균감염으로 염증이 일어나는 것으로 내버려 두면 사망할 수도 있습니다.

암컷 더 알아보기

발정 주기의 신비로움

암컷은 연 2~4회 발정기가 찾아옵니다. 대략 3~10일 정도 이어지며, 그때 임신을 하지 않으면 1개월 후에 다시 발정합니다. 발정이 오면 독특한 울음소리를 내고 만지면 골골 소리를 내며 외출 시간이 길어집니다. 유두가 부풀어 오르는 등 몸에도 변화가 나타납니다.

자궁축농증은 자궁 안쪽에 고름이 차는 질병입니다. 발정기에 세균 등이 자궁 안에 침입하여 염증을 일으키거나, 화농성 자궁내막염 혹은 만성 자궁염 등으로 인해 발병하기도 합니다. 이 질병도 주인이 눈치채지 못하는 경우가 많으며 고양이가 기운이 없고 식욕은 떨어지는데 물만 많이 먹어 병원을 찾는 사례가 많습니다. 자궁축농증은 냉이 나오는 개방형과 냉이 나오지 않는 폐쇄형이 있습니다. 개에 비하면 발병이 적은 편이지만 임신을 한 적이 없는 고양이는 발병하기 쉽습니다.

자궁내막염과 자궁축농증 치료법에는 내과적 치료도 있지만 재발하는 사례가 많아서 난소와 자궁적출술을 시행하는 것이 더 정확합니다. 자궁이 파열하여 배 안에 고름이 찰 수도 있으므로 이상을 느끼면 즉시 수의사와 상담해 봅시다. 새끼를 낳게 할 예정이 없다면 중성화수술을 하여 예방할 수 있습니다(196쪽 참조).

그 밖에도 방광염이 원인일 때는 냉 외에도 혈뇨 등의 증상도 나타납니다(90쪽 참조).

의사 선생님의 조언

암컷의 발정은 연 2~4회 찾아오며 강아지와 같은 출혈은 없습니다. 고양이의 배란은 교미배란이라고 하여 수컷과 교미한 자극으로 배란이 되기 때문입니다.

새끼 고양이를 바라지 않는다면 중성화수술을 시켜서 자궁질환을 예방할 수 있습니다.

 자궁축농증은 나이가 많을수록 많이 발생하지만 젊어도 걸릴 수 있어요.

임신했다면

주인으로서 해 줄 수 있는 일을 해 주세요

암컷의 임신·출산

고양이가 교미한 뒤 대략 4주 정도가 지나면 임신 여부를 알게 됩니다. 임신 기간은 60일 전후입니다.

임신이 확인되면 차근차근 출산 준비를 합시다.

쾌적한 임신 생활을 위하여

임신 중인 고양이는 매우 신경질적이 됩니다. 쾌적하게 생활할 수 있도록 배려해 주고 유산 등의 위험이 있으므로 무리한 운동은 삼가는 것이 좋습니다.

임신 후 3~4주가 지나면 엉덩이 부근이 더러워져 있을 때가 있습니다. 이때 목욕은 자제하고 물티슈로 가볍게 닦아 주도록 합시다.

또한 임신 중에는 평소보다 칼로리가 2배 정도 많은 먹이로 바꿔 줍시다. 양을 늘리는 것보다 고칼로리의 음식을 주는 것이 좋습니다.

 출산 준비하기

임신을 확인하면 조금씩 출산 준비를 시작합시다.

고양이가 안정을 느낄 수 있는 장소와 출산 상자를 준비합니다. 출산 상자는 출입구를 만들고 천장을 개폐식으로 만들어 줍니다. 천장이 있는 편이 안정적으로 출산할 수 있습니다. 또 간혹 산후 처리를 하지 않는 고양이도 있으므로 가위와 실, 수건이나 휴지, 사람의 체온 정도의 물과 세면 대야 등도 준비해 둡시다.

임신·출산 시 준비할 물품

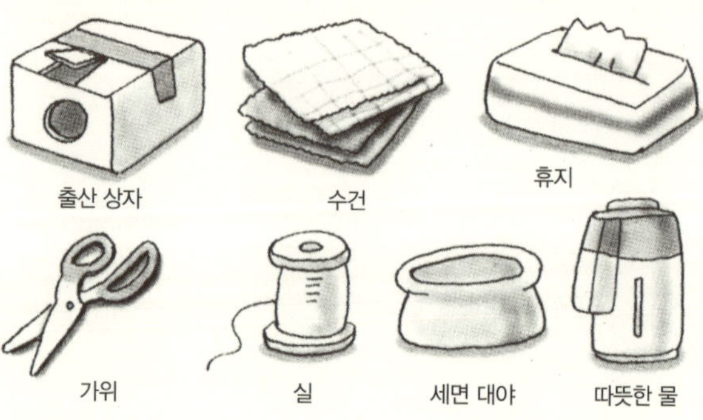

암컷 더 알아보기

임신 중에는 더욱 주의하세요

임신 중인 암컷은 신경질적이 됩니다. 지내기 편한 장소에서 편히 쉴 수 있게 해 주세요. 또한 임신 중에 높은 곳에서 뛰어내리는 것은 좋지 않으므로 항상 안아서 내려 주세요. 적절한 운동은 필요하지만 다른 고양이와의 싸움 등으로 유산의 위험이 있으므로 주의해야 합니다.

드디어 출산입니다!

출산 직전이 되면 고양이는 안절부절못하고 불안해합니다. 진통의 간격이 짧아지고 통증이 심해지면 식욕이 없어집니다. 출산 상자에 들어간 채 움직이지 않는다면 출산이 임박한 것입니다.

새끼 고양이가 태어나면 어미는 태어난 새끼의 탯줄을 물어 끊고, 몸을 감싸고 있는 막을 핥아서 제거합니다. 이때 어미가 아무것도 하지 않는다면 주인이 탯줄 두 군데를 실로 묶어서 가위로 잘라 줘야 합니다. 그러고 나서 새끼 몸을 감싸고 있는 막을 닦아 줍시다. 이 처치를 해 주지 않으면 새끼 고양이는 죽습니다.

이후에는 다음 진통으로 태반을 내보냅니다. 보통 고양이는 이 태반을 먹어 버리고 젖을 물립니다.

만약 어미의 모유가 나오지 않거나 수유를 꺼려하면 주인이 새끼 고양이를 돌봐야 합니다. 분유를 타서 사람의 체온 정도로 데워 주세요.

의사 선생님의 조언

출산의 조짐을 보인다면 미리 수의사에게 연락해 두는 것이 좋습니다. 진통을 하는데도 새끼가 나오지 않거나 새끼의 일부가 나온 채로 멈춰 있거나 출혈이 심할 때 즉시 대응할 수 있기 때문입니다.

한줄정보 출산 1주일 정도 전에 병원에서 검사를 받으세요.

중성화수술 하기

마취를 해서 아프지 않아요

● 암컷의 중성화수술 ●

중성화수술은 생후 6개월에서 1년이 지나면 언제라도 할 수 있습니다. 임신 중에도 초기에는 수술할 수 있지만, 출산이 임박한 고양이는 위험하므로 삼가는 것이 좋습니다.

 ## 수술 전에 해야 할 일

수술은 수컷과 마찬가지로 건강한 상태에서 임하도록 합시다. 백신 등의 접종을 끝내고 병원에서 건강검진을 받습니다.

또한 수술 전날부터 먹이나 물의 양을 줄이고 수술 당일은 아무것도 주지 않도록 합시다. 수술 중에 구역질이 나서 토하는 경우가 있기 때문입니다. 그러면 토사물이 기도를 막아 호흡곤란으로 사망할 수 있습니다.

 ## 수술 기간과 비용

중성화수술은 수술 준비와 마취 시간을 포함해서 1시간 정도면 끝납니다. 복부를 절개하기 때문에 대부분의 병원에서는 1박 2일의 입원을 하지만 당일 퇴원이 가능한 병원도 있습니다.

비용은 마취료, 수술료, 후처치료, 경우에 따라서는 입원비도 듭니다. 각 병원 간에 비용은 크게 차이가 없으므로 예기치 못한 일이 발생했을 때 즉시 갈 수 있는 병원을 선택하는 것이 좋습니다.

🐾 더 알아보기

생활 속 고양이 이미지

만화 속의 고양이

20세기 이후에는 전 세계에서 고양이 만화가 등장했습니다. 미국의 '조지 헤리먼'의 「크레이지 캣(George Herriman, Krazy Kat)」이 처음으로 등장하였고, 그 후에 '오토 메시머'의 「고양이 펠릭스(Otto Messmer, Felix The Cat)」도 인기를 끌었습니다. 이후로도 「톰과 제리(Tom and Jerry)」와 같이 고양이가 등장하는 인기 애니메이션이 꾸준히 탄생했습니다.

암컷 더 알아보기

중성화수술을 하면?

중성화수술을 받으면 여성호르몬이 나오지 않게 되어 어른이 되기 이전의 아이 상태로 돌아간다고 합니다. 따라서 쭉 어린 고양이로 살아가게 되는 셈입니다. 또한 여성호르몬과 연관된 질병이 줄고 임신과 출산에 의한 체력적인 부담도 줄어서 일반적으로 수명이 늘어납니다.

수술 후 주의점

실을 뽑는 것은 수술 후 10일 전후입니다. 중성화수술을 받았다면 실을 뽑을 때까지는 안정을 취하는 것이 좋습니다.

고양이의 건강 상태에 따라 주인이 조심해야 할 점도 달라집니다. 수술을 담당한 수의사와 상담하세요.

수술을 받은 뒤에 특별히 큰 변화는 없습니다. 체형도 큰 변화는 보이지 않습니다.

중성화수술의 효과

중성화수술을 받으면 자궁질환, 난소나 유선의 종양 등을 예방할 수 있습니다.

가장 큰 효과는 원치 않는 임신을 피할 수 있는 것입니다. 수술을 하면 주인도 발정을 맞은 고양이에 대한 걱정을 줄일 수 있습니다. 또한 발정기가 없어져서 이상한 울음소리를 내지 않게 되고 수컷이 모여들어 시끄러운 소리를 내는 일도 없어집니다.

의사 선생님의 조언

암컷의 중성화수술은 개복수술로 굉장히 큰 수술입니다. 하지만 건강한 고양이에게 시행하므로 위험성은 비교적 낮다고 할 수 있습니다.

수술까지 시키는 건 좀 불쌍하다고 생각한다면 주인에게 버려지는 새끼 고양이들을 떠올려 보세요.

한줄정보 암컷의 중성화수술은 개복수술로 난소와 자궁을 적출하는 수술입니다.

불행한 고양이를 늘리지 않기 위해서

고양이를 기르면서 잊어서는 안 되는 것은 유기묘 문제입니다. '고양이를 입양했는데 계속 기를 수가 없어요.' 혹은 '이사를 해요.' 등 사람의 일방적인 이유로 버려지는 고양이들은 과연 어떻게 될까요?

버려진 고양이들의 행방

각 지역의 보호소나 동물보호센터에 보내진 유기묘들 중 새끼 고양이는 새 주인을 만나게 되는 경우도 있습니다. 하지만 남겨진 대부분의 유기묘는 갈 곳을 잃고 그 며칠 뒤에 처분됩니다.

책임감을 가지고 고양이를 기르세요

주인 중에는 '병에 걸려서요.' 혹은 '귀찮아져서요.'라며 사람의 이기심으로 고양이를 버리거나 방치하는 사람도 있습니다. 심지어 새끼를 어떻게 할지 결심도 확실히 하지 않은 채 임신을 시키는 사람도 있습니다.

이처럼 불행한 고양이를 늘리지 않기 위해서라도 주인으로서 책임감을 가져야 합니다.

원치 않는 임신을 피하기 위해서는 중성화수술을 하는 것도 한 방법입니다. 188쪽과 196쪽의 중성화수술을 참고하여 수의사와 상담합시다.

부득이하게 기를 수 없게 되었다면

만에 하나 정말 피치 못할 사정으로 기를 수 없게 되었을 때는 어떻게 하면 좋을까요?

답은 하나입니다. 그 고양이를 길러 줄 새 주인을 찾아 주는 것입니다. 요즘은 인터넷을 비롯하여 다양한 방법으로 새 주인을 찾을 수 있습니다. 시간이 걸리더라도 어떻게든 새 주인을 찾아 주어서 마지막까지 책임을 집시다.

가끔 동물병원 앞에 유기묘를 놓고 가는 사람이 있습니다. 병원은 유기묘 수용소가 아닙니다. 책임감을 가집시다.

동물을 사랑하는 마음을 잊지 마세요

사람은 동물과 서로 협력하며 살고 있습니다. 동물을 키우면 마음이 따뜻해지고 살아 있는 생명을 사랑하는 마음을 확인하게 됩니다.

고양이를 기를 때는 마지막까지 돌봐 줄 수 있을지 충분히 생각한 뒤에 기르도록 합시다. 그리고 고양이를 기르겠다는 결심을 했다면 그 마음을 마지막까지 잊지 마세요.

제 5 장

어려운
외부문제 대응책

다른 집 마당에 폐를 끼쳤어요

이웃이 불평을 한다면 고양이가 이웃집 마당에서 대소변을 보는 등 무언가 폐를 끼치고 있을지도 모릅니다.

 이런 일이 예상됩니다

- 다른 집 마당에 똥이나 오줌을 쌌다.
- 다른 집 마당을 자신의 영역이라 생각한다.
- 다른 집 마당을 놀이 장소라 생각한다.

 상황은?

밖에서 기르는 고양이는 물론이고 실내에서 기르는 고양이라도 밖을 자유롭게 드나들고 있다면 자주 발생하는 문제 중 하나입니다.

만약 이웃이 '고양이가 우리 마당에 와서……' 또는 '아무래도 소변을 보는 것 같은데……' 등의 말을 한다면 밖에 전혀 내보내지 않는 고양이가 아닌 이상 사실일 가능성이 매우 높습니다. 먼저 정중히 사죄합시다.

또한 고양이에게 목걸이를 해 두면 어느 고양이가 문제를 일으키고 있는지 쉽게 알 수 있습니다. '고양이가 목걸이를 했나요?' 하고 확인해 봅시다. 해당하지 않으면 안심할 수 있습니다.

밖에 내보낸 적이 없다면 오해 받지 않도록 그 사실을 확실히 이웃에게 전하여 당신의 반려묘가 잘못한 것이 아니라는 사실을 알립시다.

 # 어떻게 하면 좋아요?

먼저 사실을 확인합시다.

고양이에게 목걸이를 해 두지 않았다면 근처를 배회하는 다른 고양이가 있는지, 그 고양이일 가능성이 없는지 등을 확인합니다. 또한 시간이 있다면 반려묘의 행동을 관찰하는 것도 하나의 방법입니다.

실제로 반려묘가 다른 집 마당에 폐를 끼치고 있다면 정중히 사죄하고 이후 고양이가 다시 그 집에 가지 않도록 대책을 세워야 합니다.

고양이가 싫어하는 신 냄새 등을 이웃집 마당에 뿌리는 것도 한 가지 방법입니다. 신 것 외에도 모기약, 파스, 화한 민트향 등도 같은 효과가 있습니다. 이러한 것을 구매하여 고충을 호소하는 이웃의 집 마당에 뿌리게 하는 것도 좋습니다.

한편, 밖을 자유롭게 돌아다니지 못하게 하는 방법도 있습니다. 하지만 지금까지 자유롭게 놀게 내버려 두었던 고양이를 갑자기 실내에 가두는 것은 쉬운 일이 아닙니다.

어떻게든 이웃에게 이해를 구하고 대책을 만들어 고양이가 편히 지낼 수 있는 환경을 남겨 주는 것도 고려해야 할 사항입니다. 이를 위해서라도 주인이 성의 있는 모습으로 사죄하고 진심을 전하는 것이 무엇보다 중요합니다.

해결책

상대의 입장이 되어 생각해 봅시다. 옆집 고양이가 와서 귀찮게 하는 입장에서 보면 상대에게 그 고양이는 평온한 일상을 깨트리는 적 같은 존재입니다.

먼저 성심 성의껏 사죄를 하고 상대의 말을 충분히 경청한 뒤 앞으로의 대책에 대해 진지하게 이야기를 나눠 보세요.

다른 집 고양이에게 상처를 입혔어요

만약 고양이가 상처를 입고 돌아왔다면 다른 집 고양이나 강아지를 다치게 했을지도 모릅니다. 상대를 알았다면 주인으로서 책임감을 갖고 확실히 대처합시다.

이런 일이 예상됩니다

- 발정기에 암컷을 두고 수컷끼리 싸우거나, 암컷이 할퀴었다.
- 영역을 지키기 위해서 침입한 고양이나 강아지를 공격했다.
- 다른 고양이나 강아지가 접근해서 방어를 하다가 상처를 입혔다.

상황은?

연 2~4회 찾아오는 암컷의 발정기가 되면 수컷들끼리 싸우고 있는 것을 보거나, 캭캭 큰 소리로 울면서 경쟁하고 있는 것을 쉽게 들을 수 있습니다.

이 밖에도 영역에 침입한 다른 고양이나 동물들을 위협하던 중 싸움이 나기도 합니다. 또한, 산책을 하던 강아지가 갑자기 덤벼들거나, 지나치던 다른 동물과 싸움이 나서 발톱이나 이빨로 공격하는 경우도 있습니다. 이때 상대 동물뿐만 아니라 자신의 고양이도 상처를 입는 경우가 자주 있습니다. 고양이가 서로 할퀴거나 물어서 피투성이가 되거나 상처 부위가 곪기도 합니다.

고양이가 싸우는 것을 모두 제지하는 것은 어렵습니다. 싸우고 돌아왔다면 즉시 응급처치를 할 수 있도록 고양이용 구급상자를 상비해 둡시다.

 # 어떻게 하면 좋아요?

싸우는 현장을 우연히 맞닥뜨렸다면 고양이가 상처 입힌 동물의 상태를 살피면서 상처의 정도를 확인하세요. 발톱으로 할퀴거나 물린 상처에 세균이 들어갈 수도 있으므로 주의해야 합니다.

상대 고양이의 주인을 알았다면 즉시 사죄를 합니다. 그리고 고양이가 어떤지 상대에게 물어 상처의 정도를 확인하고 병원에 데리고 갈지 이야기를 나눠 봅니다. 상대가 병원에 데려가지 않아도 괜찮다고 사양을 해도 되도록이면 데리고 가는 편이 좋습니다. 후에 발생할지도 모르는 문제를 피하기 위해서입니다.

만약 상처가 깊다면 충분히 사과하는 것은 물론이고 상대의 단골 병원 혹은 가까운 병원, 자신의 고양이가 자주 가는 병원 중 한 곳으로 즉시 데려갑시다. 상처의 상태에 따라 피부를 봉합해야 하는 경우도 있습니다. 상대 동물이 완전히 나을 때까지 신경 써서 무사히 치료 받을 수 있도록 합시다.

또한 이러한 사고를 막기 위해서라도 발정기를 맞은 암컷이나, 암컷의 울음소리에 반응하는 수컷은 중성화수술을 고려해 봅시다. 싸우지 않게 될 뿐만 아니라 원치 않는 임신에 대한 불안도 해소되며 무엇보다도 불행한 고양이가 늘어나지 않게 됩니다(188 · 196쪽 참조).

해결책

상대 주인이 매우 흥분해 있을지도 모릅니다. 우선 정중히 사죄합시다. 그리고 상대의 말을 충분히 듣고 상대를 진정시킵시다.

그 후에 상처 입은 동물을 어떻게 하면 좋을지 그 치료비를 어떻게 할지 등에 관한 이야기를 나누고 서로 납득할 수 있는 형태로 해결하는 것이 좋습니다.

다른 집 고양이와 교미를 해 버렸어요

암컷의 임신기간은 약 60일입니다. 교미 후 대략 2개월 후에는 출산하게 되므로 빨리 판단하여 즉시 대처해야 합니다.

이런 일이 예상됩니다

- 암컷의 발정에 자극 받은 수컷이 와서 교미하여 임신시켰다.
- 미처 출산에 대해 생각해 보지 못했는데 모르는 사이에 임신했다.

상황은?

중성화수술을 하지 않은 암컷은 연 2~4회 발정기가 옵니다. 그 시기가 되면 암컷의 냄새에 자극 받아 중성화수술을 하지 않은 수컷이 발정합니다.

발정기가 되면 실내에서 기르는 고양이라도 독특한 울음소리를 내며 큰 소리로 울거나 외출한 뒤 좀처럼 돌아오지 않게 됩니다.

암컷은 교미 후 3~4주 정도가 되면 임신 여부를 알 수 있습니다. 태어날 새끼 고양이를 기를 수 있을지 충분히 생각한 뒤 출산을 결정합시다.

기를 수 없다면 새끼가 태어나기까지 2개월 정도 시간이 있으므로 그 사이에 새끼의 주인이 될 사람을 찾도록 합시다. 아빠 고양이의 주인도 임신을 시킨 사실을 알았다면 주인 찾기에 협력합시다. 불행한 고양이가 늘지 않도록 힘쓰는 것은 고양이를 기르는 사람이 지녀야 할 의무입니다.

 ## 어떻게 하면 좋아요?

원치 않는 임신일 때 중절이라고 하는 최후의 수단도 있습니다. 출산을 단념했다면 즉시 병원에서 수술을 시킵시다. 시간이 지나면 지날수록 어미의 부담이 커집니다.

반면 출산을 시키기로 마음을 먹었다면 즉시 새끼 고양이의 주인을 찾아야 합니다. 고양이는 대체로 한 번에 2~6마리의 새끼를 낳습니다. 임신한 고양이가 편히 지낼 수 있는 환경을 만들어 주고 출산일에 대비하세요(194쪽 참조).

단골 병원과 애완동물을 기르는 지인이나 친구들에게 묻고 전단이나 인터넷 등을 통해서 고양이를 기르고 싶어 하는 사람을 찾아봅시다.

만약 새 주인을 찾았다면 필요한 예방접종을 시키고 멀더라도 직접 새끼 고양이를 데려다 줍시다. 그리고 어떤 백신을 접종했는지, 나이에 따라서는 중성화수술을 했는지 등을 잘 정리해서 새 주인에게 정확하게 전달합시다.

주인을 찾는 것은 꽤 어려운 일입니다. 하지만 최선을 다해 찾는다면 분명 찾을 수 있습니다. 끝까지 포기하지 않는 것이 중요합니다.

해 결 책

임신 · 출산을 원하지 않는다면 수컷은 생후 6개월 이후, 암컷은 생후 6개월~1년이 지나면 언제라도 중성화수술을 시킬 수 있습니다. 수술 자체는 그렇게 어려운 것이 아니므로 꼭 받게 합시다(188 · 196쪽 참조).

울음소리가 시끄럽다는 민원이 들어온대요

울음소리가 시끄럽다는 불평은 동물을 기르면서 자주 겪는 문제입니다. 그만큼 특히 주의해야 하는 문제이기도 합니다.

 이런 일이 예상됩니다

- 질병이나 부상을 당해 아파서 운다.
- 영역에 누군가 침입하여 싸운다.
- 발정기가 와서 상대를 구하느라 운다.

 상황은?

질병이나 싸움 등으로 부상을 입고 아파서 우는 경우가 있습니다. 토하고 설사를 하거나 식욕이 없어지는 등 질병의 증상을 보이기도 합니다. 또한, 나이가 든 고양이는 치매 증상의 하나로 계속해서 울어 대는 경우도 있습니다.

한편, 자신의 영역이라고 생각하는 장소에 누군가 접근하거나 지나가서 울기도 합니다. 경우에 따라서는 그로 인해 싸움이 시작되기도 합니다.

또는 연 2~4회 암컷이 발정기를 맞으면 큰소리로 특유의 울음소리를 냅니다. 그 소리에 자극을 받아 수컷도 마찬가지로 울음소리를 냅니다.

이웃에서 고양이의 울음소리로 불평을 하는 것은 자주 발생하는 문제이며 그만큼 주인도 부담을 느끼게 됩니다.

 # 어떻게 하면 좋아요?

어린아이나 수험생, 노인이나 환자 등과 함께 사는 사람들에게 고양이의 울음소리는 매우 거슬립니다. 일방적으로 폐를 끼치는 것이므로 불평을 들었다면 즉시 사과합시다. 또한 평소에도 항상 폐를 끼치고 있다며 인사를 하고 양해를 구하도록 합시다.

고양이의 울음소리가 특히 시끄러운 때는 발정기입니다. 발정기를 맞지 않도록 중성화수술을 하면 독특한 울음소리로 우는 일이 없어져서 이웃 간에 발생하는 문제를 줄일 수 있습니다.

또한 질병이나 부상 등이 원인인 경우에는 치료를 해 주면 울지 않게 됩니다. 그러기 위해서는 평소에 고양이의 상태를 잘 관찰하여 이상을 발견하는 것이 중요합니다.

만약 질병이나 부상을 알아챘다면 할 수 있는 응급처치를 한 뒤 즉시 병원에 데리고 갑시다. 사람에게 쓰는 약을 사용하거나 명확한 원인을 모르는 채 시판되는 약을 투여하는 것은 삼가도록 합시다.

고양이는 영역 의식이 강해서 침입자에게 분노를 나타내는 것을 막을 수는 없습니다. 따라서 최대한 울지 않도록 대책을 세우는 수밖에 없습니다. 주택밀집지역에서는 실내에서만 기르도록 하고 중성화수술을 하여 시끄럽게 울지 않게 하는 방법도 고려해 봅시다.

해결책

평소에 이웃과 좋은 관계를 만들어 둡시다. 그리고 고양이가 시끄럽게 운 것 같으면 다음 날 '어제는 고양이가 시끄럽게 울어 대서 죄송합니다.' 하고 먼저 사과를 하는 것도 중요합니다.

또한 수시로 그루밍을 해 주어 질병이나 부상이 없는지를 확인합시다.

작은 동물을 죽였어요

고양이는 원래 수렵동물입니다. 도마뱀이나 작은 새, 쥐 등 작은 동물을 사냥감으로 여기고 쫓거나 뭅니다.

 이런 일이 예상됩니다

- 도마뱀이나 작은 새를 쫓다가 죽였다.
- 죽은 도마뱀이나 작은 새를 물고 돌아왔다.

 상황은?

고양이는 선천적으로 작은 동물을 사냥하는 습성이 있어서 살그머니 사냥감에 다가가서 달려들어 무는 경우가 있습니다. 고양이가 어릴 때는 움직이는 것을 보고 장난을 치며 놀지만, 점차 표적을 정하고 무언가에 달려들어 꼼짝 못하게 제압한 뒤 물려고 하게 됩니다.

어른이 되면 작은 동물에 달라붙어 장난치면서 놓아줬다가 잡는 일을 반복하며 가지고 놀기도 합니다. 이런 과정을 통해 사냥에 능숙해지게 됩니다.

때문에 고양이가 장난치며 놀다기 작은 동물을 죽일 수도 있는데, 그러다 보면 누군가의 애완동물을 죽이는 경우도 있습니다. 같은 애완동물을 기르는 사람으로서 절대 일어나지 않았으면 하는 사고입니다. 하지만 만에 하나 일어났다면 주인으로서 책임을 다해야 합니다.

 # 어떻게 하면 좋아요?

고양이가 입에 물고 온 것이 이웃이 기르는 작은 동물이나 금붕어일 수도 있습니다. 주인을 알았다면 즉시 사죄합시다. 그리고 상대방이 어떻게 하기를 원하는지 듣고 할 수 있는 일은 최대한 해 주도록 합시다.

또한 고양이와 함께 기르는 작은 새와 같은 소형 애완동물을 죽일 가능성도 있으므로 고양이가 달려들지 못하는 곳에 두는 것이 중요합니다.

고양이는 어릴 때 어미에게서 사냥 방법을 배웁니다. 따라서 어릴 때 사냥하는 습관을 들이지 않으면 어른이 된 뒤에 도마뱀이나 작은 새, 쥐 등에 달라붙어 장난은 치더라도 죽이는 경우는 거의 없습니다.

만약 죽였다고 해도 먹이를 충분히 먹고 있으면 먹지 않습니다. 먹고 싶은 마음이 생기지 않는 것입니다. 그러나 먹지는 않아도 입에 물고 돌아오는 경우는 있습니다. 고양이는 죽인 동물을 입에 물고 돌아와 주인에게 보이며 칭찬을 받고 싶어 합니다. 이때 아무리 기분이 나쁘고 무섭더라도 절대 혼을 내서는 안 됩니다. 고양이는 사냥에 성공해서 자신감에 차 있는 상태이기 때문입니다.

해결책

이웃의 애완동물을 죽였다면 반드시 사죄해야 합니다. 고양이의 습성이니까 어쩔 수 없다고 생각하고 넘어가서는 안 됩니다.

상대방이 이성을 되찾으면 어떻게 할지 상담합시다. 관계 회복까지는 어렵더라도 최대한 성의를 가지고 할 수 있는 일을 합시다.

집에 돌아오지 않아요

고양이는 가끔 가출을 합니다. 특히 발정기가 되면 짝을 찾기 위해서 한동안 돌아오지 않는 경우도 있습니다.

 이런 일이 예상됩니다

- 잠시 가출한 상태이다.
- 다른 집에서 기르고 있다.
- 사고가 나서 병원에 있다.
- 사고로 이미 사망했다.

 상황은?

고양이는 자신이 사는 환경이 쾌적하지 않으면 더 쾌적한 환경을 찾아 가출을 하기도 합니다.

또한 연 2~4회 찾아오는 발정기가 되면 짝을 찾기 위해서 한동안 돌아오지 않을 때도 있습니다.

이처럼 가출의 원인은 다양하지만, 발정기처럼 특별히 짐작이 가는 일이 없다면 고양이가 지내는 환경을 다시 돌아봅시다.

실제 가출 중 다른 누군가가 주워서 데려다가 키운 경우도 있습니다. 그러나 애석하게도 교통사고 등을 당해 병원에서 치료를 받고 있거나 이미 사망을 했을 가능성도 있습니다.

고양이가 돌아오지 않는 데에는 여러 가지 원인이 있습니다. 한동안 기다려도 돌아오지 않는다면 이런저런 방법을 동원하여 고양이를 찾아봅시다.

어떻게 하면 좋아요?

발정기 등으로 한동안 돌아오지 않을 때가 있습니다. 만약 특정 시기가 아닌데도 고양이가 돌아오지 않는다면 즉시 찾을 방법을 강구해 봅시다.

사는 지역의 보호소, 경찰, 단골 병원 등에 연락하여 방황하는 고양이를 본 적이 없는지 주인이 불분명한 고양이가 사고를 당하지 않았는지 확인합시다.

그리고 집 주변 등 고양이의 영역이라고 생각되는 곳을 탐색해 봅니다. 고양이는 야행성 동물이므로 저녁에 탐색하는 것이 좋습니다.

또한 집 근처에 전단을 붙이고 이웃에도 협력을 구합시다. 시간이 있다면 돌아다니면서 물어보는 것도 중요합니다. 목격 증언을 얻을 수 있을지도 모릅니다.

인터넷을 통해서 도움을 요청하는 일도 하나의 방법입니다. 만약 홈페이지나 블로그가 있다면 홈페이지에 알리거나 고양이를 좋아하는 사람들이 모이는 커뮤니티나 SNS에 게재하는 등 다양한 방법을 취해 봅시다.

무가지 등의 구인공고에 게재를 의뢰하는 방법도 있습니다.

즉시 발견되는 경우가 있는가 하면 찾기까지 상당한 시간이 걸리는 일도 있습니다. 어쩌면 누군가의 집에서 길러지고 있을지도 모릅니다.

해결책

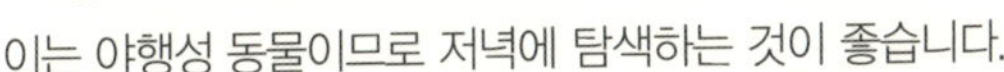
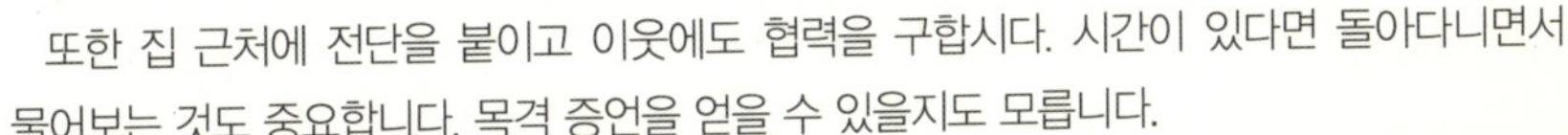

고양이가 어릴 때부터 목걸이를 착용시키는 것이 좋습니다. 목걸이 착용을 거부하는 고양이도 있지만, 리본 등을 감아 버릇하면서 조금씩 적응을 시킵시다.

목걸이에는 주인의 이름과 주소, 전화번호 등을 적어 둡시다. 이렇게 해 두면 가출을 해도 다시 찾을 가능성이 높아집니다.

7

사람을 해쳤어요

가장 일어나지 않길 바라는 사고이지만 만에 하나 일어났다면 일단 사과하고 즉시 병원에 데리고 갑시다.

 ## 이런 일이 예상됩니다

- 고양이가 사람을 할퀴었다.
- 고양이가 사람을 물었다.
- 다른 사람의 물건을 망가뜨렸다.

 ## 상황은?

집에 손님이 와서 고양이랑 놀다가 고양이가 할퀴거나 물어서 상처를 입힐 수 있습니다. 또한 손님의 옷이나 가방을 가지고 놀다가 망가뜨리거나 물어 뜯는 경우도 있습니다.

이처럼 고양이를 기르는 집에 손님이 와서 고양이가 일으킨 문제는 대체로 가장 난감한 사고 중 하나입니다.

이 밖에 고양이끼리 싸우는 것을 말리다가 고양이가 할퀴거나 물어서 다치는 일도 있을 수 있습니다. 이 경우는 고양이가 상당히 흥분한 상태라서 중상을 입을 가능성도 있습니다.

이와 같은 사고들은 다양한 상황 속에서 일어날 가능성이 있으므로 항상 주의하여 사고가 발생하지 않도록 미연에 방지합시다.

어떻게 하면 좋아요?

상처는 가볍게 긁힌 상처에서 목숨이 위태로운 중상까지 천차만별입니다. 정도의 차가 있을지언정 자신이 기르는 고양이가 사람을 해친 것에 대해 즉시 사죄하고 주인이 확실히 책임을 져야 합니다.

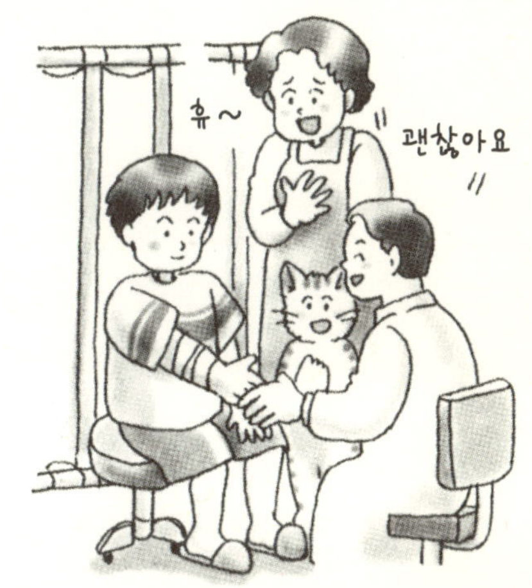

먼저 상대방과 함께 병원에 갑시다. 그리고 의사에게 다치게 된 경위 등을 설명합시다. 고양이로부터 사람이 감염되는 질병(223쪽 참조)도 있으므로 방심해선 안 됩니다.

사고 상황에 따라서는 문 고양이에게만 잘못이 있는 것이 아닐 때도 있습니다. 하지만 상대를 다치게 한 사실에는 변함이 없으므로 먼저 사죄를 하는 것이 좋습니다.

또한 사람을 다치게 한 고양이는 두 번 다시 이러한 일을 일으키지 않도록 각별히 주의해야 합니다. 발톱을 짧게 자르거나 손님이 오면 고양이가 가까이 오지 못하게 하거나 고양이가 들어오지 못하는 방으로 이동하는 등 다양한 대책을 세웁시다.

해결책

해외에는 고양이가 타인을 다치게 한 사고에 대비한 개인배상책임보험이라는 것도 있습니다. 주인이 감독, 책임을 확실히 하지 않으면 보험이 지급되지 않는 경우가 있으므로 주의가 필요합니다.

하지만 국내에는 이러한 보험이 없습니다. 따라서 고양이가 사람을 해치지 않도록 항상 주의하고 감독하도록 합시다.

손님 물건에 스프레이 행위를 했어요

수컷의 스프레이 행위는 소변과 달리 자신의 영역을 선언하는 방법입니다. 스프레이 행위를 막는 것은 어렵습니다.

이런 일이 예상됩니다

- 새 가구라고 착각하고 스프레이를 했다.
- 자신의 영역을 지키기 위해 스프레이를 했다.

상황은?

스프레이 행위는 수컷이 자신의 행동 범위를 넓히거나 자신의 영역을 선언하기 위해서 하는 행위입니다. 그 방법은 꼬리를 수직으로 꼿꼿이 세우고 선 채로 뒤를 향해 소변을 날리듯 뿌립니다.

고양이가 소변을 볼 때는 화장실에 가서 웅크리고 앉은 자세로 보며 이것과 스프레이 행위는 전혀 다릅니다. 또한 소변보다 역한 냄새가 나는 것도 특징입니다.

고양이를 기르는 사람의 집에 손님이 왔을 때 처음에 고양이는 경계하지만 잠시 시간이 지나면 손님 물건에 흥미를 느끼고 자신의 영역에 마킹을 하듯이 스프레이를 하기도 합니다.

고양이가 손님 물건에 스프레이를 했다면 주인은 세탁비를 지급하거나 변상을 해야 합니다. 이러한 일이 발생하지 않도록 평소에 대책을 세워야 합니다.

어떻게 하면 좋아요?

수컷은 자신의 집이나 영역 이곳저곳에 스프레이 행위를 하며 자신의 냄새를 묻힙니다. 특히 근처에 다른 고양이가 서성대거나 발정하고 있을 때는 자신의 영역을 지키기 위해서 더욱 빈번하게 합니다.

스프레이 행위는 집의 벽이나 기둥, 가구, 옷 등 여러 장소에 합니다. 이는 수컷이 본능적으로 하는 막을 수 없는 행위로 사람과 더불어 살아가는 데 상당한 불편함을 줍니다.

만에 하나 손님 물건에 스프레이 행위를 했다면 사죄하고 어떻게 하면 좋을지 의논합시다. 고양이가 한 일이라고 생각하지 말고 주인인 당신이 책임을 져야 합니다. 상대방과의 관계가 틀어지지 않기 위해서라도 성실하게 대응해야 합니다.

스프레이 행위를 시작하기 전에 중성화수술을 시키면 이후에도 스프레이 행위를 하지 않습니다. 새끼를 낳게 할 예정이 없다면 수술을 추천합니다(188쪽 참조).

또한 손님이 오면 고양이가 가까이 오지 못하게 하거나 고양이가 들어오지 못하는 방으로 이동하는 등 다양한 방법을 모색해 봅시다.

해 결 책

고양이가 끼친 손해를 어떻게 배상하면 좋을지 상대와 이야기를 나누고 상대와의 관계가 틀어지지 않도록 성실하게 대응해야 합니다. 이후 이 일로 인해서 서먹해질 수도 있기 때문입니다. 흐지부지 넘기지 말고 성심 성의껏 대응하면 상대도 이해할 것입니다.

문제 행위를 고치려면 어떻게 해야 할까?

고양이는 여전히 남아 있는 야생의 습성이 있습니다. 그중에는 사람과 더불어 살아가는 데 불편을 주는 행동도 있습니다. 고양이의 행동을 개선하기 위해서는 그저 엄하게 혼내기만 하는 게 아니라 시간을 들여 천천히 고쳐 나가야만 합니다.

발톱을 간다

모든 고양이는 발톱 손질과 영역 표시를 위해 발톱을 갑니다. 실내에서 기르는 고양이는 가구나 커튼, 융단 등을 긁으려 합니다. 최대한 빨리 전용 스크래처를 마련해서 적응시키면 예방할 수 있습니다.

사냥 본능

고양이의 종류에 따라 다소 차이는 있지만 작은 동물에게 덤벼들거나 주인에게 달려들어 무는 행동을 보일 때가 있습니다. 이는 고양이의 사냥 본능에서 비롯된 공격적인 행동입니다. 이러한 행동은 강아지풀 같은 막대나 낚싯대처럼 생긴 장난감으로 놀아 주며 스트레스를 발산할 대상을 만들어 주면 해소됩니다.

배변 문제

정해진 장소에서 배변하시 않는 것도 고양이를 기르면서 겪게 되는 문제 중 하나입니다. 하지만 화장실이 아닌 곳에서 배변한다면 질병이 생긴 것이 원인일 가능성도 있으므로 충분히 고양이의 상태를 관찰합시다. 그리고 항상 청결하고 쾌적한 화장실 환경을 조성해 주면 발생하지 않는 문제입니다.

스프레이 행위

수컷의 스프레이 행위는 본능이므로 완전히 그만두게 할 수는 없습니다. 하지만 스프레이를 했을 때 엄하게 혼내면 다소 줄어들기는 합니다. 중성화수술을 하면 스프레이 행위를 하지 않는 경우도 있습니다.

음식을 가린다

여러 종류의 먹이가 시중에 판매되면서 고양이의 입맛도 까다로워졌습니다. 그러다 보니 고양이도 자기가 좋아하는 먹이만 먹는 경우도 늘고 있습니다. 고양이가 좋아하는 먹이만 주면 각종 질병을 초래할 수 있으므로 영양의 균형을 고려하여 먹이를 주도록 합시다.

스트레스

실내에서 길러지는 고양이 중에는 밖에서 뛰어 놀지 못하고 행동에 제한을 받아서 스트레스를 받는 고양이도 있다고 합니다. 스트레스를 발산시킬 수 있도록 고양이와 충분히 놀아 주는 것도 중요합니다.

제 **6** 장

고양이 각종 정보

대화하기 편한 사람이 좋아요

고양이의 성격이나 체질, 생활환경 등을 충분히 파악하고 있는 단골 병원이나 주치의가 있으면 질병을 치료할 때뿐만 아니라 고양이와 함께 생활하면서 생기는 사소한 의문도 즉시 해결할 수 있습니다. 사람에게 주치의가 필요한 것처럼 고양이에게도 주치의가 필요합니다.

단골 병원이나 주치의는 집에서 멀지 않으면서 어떤 일이라도 즉시 상담할 수 있는 편한 사람이 좋습니다. 소중한 반려묘의 목숨을 믿고 맡길 사람이므로 신중히 선택하세요.

고양이와의 궁합도 중요해요

주인과 잘 맞는 것도 중요하지만, 고양이와의 궁합도 매우 중요합니다. 수의사 앞에 있는 고양이의 상태를 보면서 불안해하지는 않는지 관찰하세요. 치료를 받는 것은 고양이입니다.

몇 번 내원하면 대체로 고양이도 수의사가 익숙해집니다. 고양이가 겁이 많은 경우에는 싫어하는 고양이를 억지로 제압하지 않고 잘 달래 가며 치료해 주는 수의사를 찾는 것이 중요합니다.

좋은 수의사의 조건이란?

첫째, 먼저 증상을 정확하게 설명해 줄 것. 어떠한 약을 사용해서 치료하는지 등을 친절하고 꼼꼼하게. 설명해 주는 의사라면 안심할 수 있습니다.

둘째, 주인의 이야기를 주의 깊게 듣고 진찰을 해 줄 것. 고양이의 상태를 가장 잘 알고 있는 것은 주인이기 때문입니다.

마지막 셋째, 개인 병원에서는 손을 쓸 수 없을 때 대학 병원 등을 소개해 줄 것. 지나치다 싶을 정도로 검사만 계속 하거나 계속 입원만 시키는 병원은 주의해야 합니다.

사육비 백과사전

고양이도 살아 있는 생명으로, 매일 먹이를 먹고 때로는 병에 걸리기도 합니다.
고양이에게 들어갈 사육비는 문제가 없는지 살펴 보세요.

어느 정도의 비용이 드나요?

고양이를 기를 때는 우선 고양이용 식기, 침대, 화장실, 화장실 모래, 빗, 스크레처, 목걸이, 탈취제 등의 기본적인 생활용품이 필요합니다.

그리고 매일 먹일 먹이가 필요합니다. 고양이는 사람이 남긴 음식만으로는 필요한 영양을 흡수하지 못할 때도 있어서 보조적으로 고양이용 사료가 필요합니다. 즉 고양이의 식비가 별도로 발생하는 것입니다.

또한 부상을 입거나 질병에 걸릴 수도 있으며 이를 치료하는 데에도 비용이 발생합니다. 게다가 예방접종, 중성화수술, 진드기나 벼룩 예방, 정기 검진 등의 기본적인 병원 비용도 듭니다.

그 밖에도 집을 장기에 걸쳐 비울 때는 애완동물 호텔에 맡겨야 합니다.

이처럼 고양이를 기르다 보면 여러 가지 비용이 들게 됩니다. 비용 마련에 문제가 없는지 다시 한 번 생각해 봅시다. 돈이 너무 많이 든다는 이유로 못 키우는 일이 벌어지지 않도록 사전에 확실히 지출 계획을 세워 둡시다.

만약의 사태에 대비하여 저축을 해 두면 좋습니다

질병이나 사고 없이 건강하게 평생을 보낸다면 다행이지만 생각지도 못한 일이 발생하곤 합니다. 혹시 모를 사태에 대비하여 저축을 해 두면 이럴 때 크게 당황하지 않고 해결할 수 있습니다.

고양이의 생활비와는 별도로 가족들이 조금씩 모아 저축을 해 두면 만약의 사태에 큰 도움이 될 것입니다.

만약 여유가 있다면 고양이의 생일 축하 파티 등의 이벤트 비용도 마련해 놓으면 더욱 좋습니다.

보험 실용지식

애완동물도 가족의 일원으로 여기게 된 덕분에 애완동물 보험도 등장했습니다.
내용을 충분히 숙지한 뒤 가입 여부를 고려해 봅시다.

애완동물 보험 최신 정보

사람과 마찬가지로 애완동물도 수명이 늘어났습니다. 그 결과 애완동물의 의료비도 증가하는 경향을 보인다고 합니다.

이러한 배경에서 등장하게 된 애완동물 보험은 각종 다양한 서비스가 있습니다.

소중한 애완동물에 관한 일인 만큼 각각의 내용을 충분히 숙지한 뒤 가입 여부를 생각해 봅시다.

고양이 보험
●**롯데 마이펫** / 1670–0220 / http://www.lottemypett.co.kr

인터넷이나 전화로 하는 상담

인터넷이나 전화로 간단하게 애완동물 상담을 할 수 있습니다.
병원에 갈 정도는 아니지만 걱정이 될 때 이용해 보세요.

사소한 일도 주저하지 말고 편하게 물어보세요

'병원에 갈 정도는 아닌데⋯⋯.' 싶은 사항이나 고양이를 기르면서 걱정거리가 생기면 먼저 동물병원에 전화해 봅시다. 주치 수의사가 있다면 사소한 일도 상담하기 쉬우며, 빠르고 정확한 조언을 들을 수 있습니다.

병원 중에는 홈페이지가 있거나 블로그나 카페를 운영하는 곳도 있습니다. 전화로 물을 정도의 일이 아니거나 전화 통화가 안 될 때는 인터넷 홈페이지를 이용해 보세요.

또한 병원 홈페이지 외에도 병원 수의사들이 협력하여 상담해 주거나 동물병원을 검색할 수 있는 사이트가 있습니다. 유용하니 알아 두면 좋습니다.

이처럼 인터넷이나 전화를 이용한 상담을 유용하게 사용하면 많은 도움이 됩니다. 하지만 실제로 질병에 걸리거나 부상을 당했을 때는 즉시 고양이를 병원에 데리고 가서 수의사에게 확실히 진찰을 받아야 한다는 점 잊지 마세요!

한국 고양이 정보 사이트

- **동물보호관리시스템 홈페이지** www.animal.go.kr
- **한국고양이보호협회** www.catcare.or.kr
- **고양이 커뮤니티 고양이라서 다행이야** cafe.naver.com/ilovecat
- **고양이 커뮤니티 괴수고양이** cafe.naver.com/beautyandthecat.cafe
- **고양이 커뮤니티 냥이네** cafe.daum.net/kitten
- **길고양이 커뮤니티 나비야 사랑해** cafe.naver.com/kittenshelter

계절에 따라 특히 주의해야 할 점도 달라집니다.
고양이가 건강하게 지낼 수 있도록 항상 관심을 기울여 주세요.

봄 spring

사랑의 계절입니다. 발정기는 연 2~4회 찾아오는데 봄에 발정하는 고양이가 많습니다. 암컷을 차지하려고 싸우다가 다쳐서 돌아오는 수컷도 있습니다. 즉시 치료하여 상처 부위가 덧나지 않게 합시다.

벼룩이나 진드기가 발생하기 시작합니다. 환절기인 만큼 건강관리를 소홀히 해서는 안 됩니다.

여름 summer

고양이는 더위에 약합니다. 특히 온도 조절에 신경 써야 합니다. 자동차 안이나 더운 실내에서는 열사병에 걸리기 쉽습니다. 외출 시 환기나 통풍이 잘되게 하는 방법을 생각해 둡시다.

또 여름에는 먹이나 물이 빨리 상하니 수시로 갈아 주는 것이 좋습니다.

벼룩이나 진드기가 늘어납니다. 벼룩이나 진드기를 없애는 약 중에 안전한 것으로 수의사와 상담해서 구제해 주세요.

가을 autumn

초가을에는 늦더위가 기승을 부리고 벼룩이나 진드기도 계속 유의해야 합니다.

또한 아침저녁 기온 차가 큰 환절기에는 사람과 마찬가지로 고양이도 건강에 이상을 호소하는 경우가 있으니 주의해야 합니다.

겨울 winter

유난히 추위를 많이 타는 고양이는 실내에서 움츠리고 있는 일이 많아집니다. 적절한 실내 온도를 유지해 주세요. 또한 이불 안에 고양이가 있는지 주의를 기울이고, 히터나 난로 등으로 수염이나 털에 화상을 입지 않도록 조심하세요.

인간과 고양이의 감염증

사람에게 감염되는 질병도 있습니다. 그렇다고 애완동물을 두려워할 필요는 없습니다. 정기 검진으로 감염 여부를 확인하면 충분히 예방할 수 있습니다.

병 명	관계되는 동물	동물의 증상	인간에 대한 감염경로	인간의 질병	예방방법
피부사상균증	고양이 개	피부염, 탈모	감염 동물과 접촉해서	발진, 피부염	피부를 체크한다
개선(옴)	고양이 개	피부염, 탈모	감염 동물과 접촉해서	피부 가려움증, 발진	감염 동물과 접촉할 때 주의한다
귀개선증	고양이 개	피부염, 탈모, 머리를 흔드는 행위	감염 동물과 접촉해서	피부 가려움증, 발진	감염 동물과 접촉할 때 주의한다
톡소플라즈마증	고양이	설사나 뇌기능 장애	감염된 고양이의 변을 만진 손을 입에 넣어서	임신 중의 경우 유산이나 사산, 림프절염	고양이의 변을 철저히 처리한다
벼룩 알레르기성 피부염	고양이 개	피부염, 가려움증	감염 동물과 접촉해서	피부 가려움증	벼룩을 구제한다
이감염증	고양이 개	피부염, 가려움증	감염 동물과 접촉해서	피부 가려움증	이를 구제한다
묘소병	고양이	대부분 무증상	고양이에게 할퀴거나 물려서	발열, 림프절의 종대	벼룩을 구제하고 정기적으로 발톱을 관리한다
발톱진드기증	고양이 개	피부염, 가려움증	감염 동물과 접촉해서	피부 가렴움증	진드기를 구제하고 감염 동물과의 접촉을 피한다
캠필로박터증	고양이 개/소형조류	대부분 무증상	감염된 고양이나 변을 만진 손을 입에 넣어서	식중독, 위장염, 설사나 구토	고양이의 변을 철저히 처리한다
크립토코쿠스증	고양이 개	부비강염, 중추신경 장애	분변 안의 세균이 공기 중으로 퍼져서	발열, 기침, 중추신경장애	생활환경을 청결히 한다
브루셀라증	고양이	피부염, 가려움증	감염된 고양이와 접촉해서	피부 가려움증	이를 구제한다
살모넬라증	고양이 개/파충류	설사	감염된 고양이나 변을 만진 손을 입에 넣어서	식중독, 위장염, 설사, 구토	고양이 변을 철저히 처리한다
결핵	고양이/개 소형조류/토끼 원숭이	대부분 무증상, 설사	감염 동물과의 접촉이나 오염된 환경	설사, 발열, 패혈증	감염 동물과의 접촉을 피한다
광견병	고양이나 개 등의 포유류	흥분, 음성 변화, 뇌염, 발증 후 사망	감염 동물에게 물려서	신경질환, 뇌염, 발증 후 사망	개는 연 1회 백신 접종의 의무가 있다

고양이, 어떤 아이로 데려올까?

어떤 타입의 고양이를 원하시나요? 10년 이상을 함께 살 반려 고양이를 고르는 것은 매우 중요한 일입니다. 충분히 생각하고 신중하게 고르세요.

적절한 입양시기는 언제일까?

입양은 생후 3개월 이후가 좋습니다. 고양이는 생후 2개월 정도에 1차 백신을 접종하고, 그 1개월 후 2차 백신을 접종합니다. 2차 백신 접종까지 끝내면 만에 하나 건강에 문제가 발생해도 크게 발전하는 경우는 흔치 않습니다.

또한 생후 2개월 정도까지는 어미나 형제로부터 많은 것을 배우면서 성격이나 개성이 형성되는 시기로, 이 시기에 떨어지면 사람이나 고양이를 무서워하게 됩니다.

원하는 타입은?

고양이의 종류는 가지각색입니다.

먼저 순종이 좋은지 잡종이 좋은지 충분히 생각해 보세요. 그리고 순종이 좋다면 장모종이 좋은지 단모종이 좋은지를 정합니다. 털의 종류에 따라 고양이의 성격도 다르므로 고양이를 직접 살펴보세요.

그 후 예산에 맞추어 '바로 이 아이야!'라는 느낌이 오는 고양이를 고르면 됩니다.

수컷? 아니면 암컷?

고양이는 성별에 따라 성격이 달라지기도 합니다. 일반적으로 수컷은 개구쟁이에 어리광쟁이이고, 암컷은 온화하지만 사람을 가까이하지 않는 면이 있는 것으로 알려져 있습니다.

고양이의 성별은 고양이가 어른이 된 뒤도 고려해 봐야 합니다. 수컷은 스프레이 행위를 하거나 싸움이 잦지만 중성화수술을 하면 이러한 행동이 없어집니다. 또한, 암컷은 중성화수술을 하지 않으면 발정기에 임신할 가능성이 있다는 것을 명심해야 합니다.

참고 문헌 번역

- 콘라트 로렌츠 저 · 오바라 히데오 역 [사람, 개를 만나다] 지성당
- 히다카 도시타가 감수 [고양이 이름 · 개 이름] PHP연구소
- 소노다 미쓰오 감수 [주요 증상을 기초로 한 고양이 임상] 데일리맨사
- 애견의 친구 편집부 편 [신판 고양이의 가정 의학 사전] 성문당신광사
- 고가 다다미치 · 구와바라 시즈오 · 데구치 요시아키 감수 [애완동물 의학] 시사통신사
- 브루스 포글 저 · 고구레 노리오 역 [고양이 종류 대도감] 펫라이프사
- 셸던 루빈 저 · 이케다 노리쓰구 역 · 오카 데츠 감수 [그림으로 보는 고양이 응급처치] 성문당신광사
- 오노에 가네히데 감수 [성어림 고사성어 · 속담 · 관용구] 왕문사
- 이이즈미 로쿠로우 저 [살아있는 세상의 명문구] 자유국민사

오다 데쓰노스케 감수

일본 수의 축산대학 수의학과 졸업. 가나가와현에 있는 '에노시마 마린랜드'에서 해수류의 치료 및 조교를 하고, 그 후 지바현 이치카와시에 '지바동물병원'을 개업하였다. 다양한 애완동물의 질병이나 부상 치료에 종사하며 애완동물의 명의로 높은 평가를 받고 있다. 저서로는 『애견의 교육과 훈련』, 『실내에서 기르는 강아지 교육과 사육법』(일본문예사), 『금붕어』(국토사)등이 있다.

박상진 번역 · 번역 감수

천안 출생으로 충북대학교 수의학과를 졸업하고 동경대학교 수의학과에서 박사과정을 졸업했다. 현재 한국화학연구원 부속 안전성평가연구소에서 선임연구원으로 근무하고 있다.

김은희 번역

서울 출생으로 성신여자대학교 일어일문학과를 졸업했다 현재 동경에서 생활하며 프리랜서 통번역사로 활동 중이다.

2013년 12월 30일 초판 1쇄 펴냄 · 2015년 2월 5일 초판 2쇄 펴냄

펴낸곳	꿈소담이
펴낸이	김숙희
감수	오다 데쓰노스케
번역	박상진, 김은희
번역 감수	박상진
주소	136–020 서울특별시 성북구 성북동 178–2
전화	747–8970 / 742–8902(편집) / 741–8971(영업)
팩스	762–8567
등록번호	제6–473 (2002. 9. 3.)
ISBN	978–89–5689–848–3 13490

＊책 가격은 뒤표지에 있습니다.